国家出版基金项目
NATIONAL PUBLICATION FOUNDATION

牛 津 科 普 读 本

农业与
食品论争

[美]F.贝利·诺伍德
[美]米歇尔·S.卡尔沃-洛伦佐
[美]萨拉·兰开斯特
[美]帕斯卡尔·A.奥尔泰纳库/著

吴旭 王芳/译

華中科技大學出版社
http://www.hustp.com
中国·武汉

湖北省版权局著作权合同登记　图字：17-2020-050 号

图书在版编目（CIP）数据

农业与食品论争 /（美）F. 贝利・诺伍德（F. Bailey Norwood）等著；吴旭，王芳译 . -- 武汉：华中科技大学出版社，2020.8
（牛津科普读本）
ISBN 978-7-5680-6015-8

Ⅰ. ①农… Ⅱ. ① F… ②吴… ③王… Ⅲ. ①农业一普及读物 Ⅳ. ① S-49

中国版本图书馆 CIP 数据核字（2020）第 101177 号

农业与食品论争　［美］F. 贝利・诺伍德　［美］米歇尔・S. 卡尔沃－洛伦佐
［美］萨拉・兰开斯特　［美］帕斯卡尔・A. 奥尔泰纳库　著
Nongye yu Shipin Lunzheng　吴　旭　王　芳　译

策划编辑：杨玉斌　曾　菡
责任编辑：曾　菡　　装帧设计：李　楠　陈　露
责任校对：李　琴　　责任监印：朱　玢

出版发行：华中科技大学出版社（中国・武汉）　电话：（027）81321913
武汉市东湖新技术开发区华工科技园　邮编：430223

录　排：华中科技大学惠友文印中心
印　刷：武汉精一佳印刷有限公司
开　本：880 mm × 1230 mm　1/32
印　张：8.125
字　数：130 千字
版　次：2020 年 8 月第 1 版第 1 次印刷
定　价：68.00 元

华中出版

本书若有印装质量问题，请向出版社营销中心调换
全国免费服务热线：400-6679-118　竭诚为您服务

总序

欲厦之高，必牢其基础。一个国家，如果全民科学素质不高，不可能成为一个科技强国。提高我国全民科学素质，是实现中华民族伟大复兴的中国梦的客观需要。长期以来，我一直倡导培养年轻人的科学人文精神，就是提倡既要注重年轻人正确的价值观和思想的塑造，又要培养年轻人对自然的探索精神，使他们成为既懂人文、富于人文精神，又懂科技、具有科技能力和科学精神的人，从而做到“物格而后知至，知至而后意诚，意诚而后心正，心正而后身修，身修而后家齐，家齐而后国治，国治而后天下平”。

科学普及是提高全民科学素质的一个重要方式。习近平总书记提出：“科技创新、科学普及是实现创新发展的两翼，要把科学普及放在与科技创新同等重要的位置。”这一讲话历史性地将科学普及提高到了国家科技强国战略的高度,充分地显示了科普工作的重要地位和意义。华中科技大学出版社翻译出版“牛津科普读本”,引进国外优秀的科普作品,这是一件非常有意义的工作。所以,当他们邀请我为这套书作序时,我欣然同意。

人类社会目前正面临许多的困难和危机,例如,环境污染、大气污染、海洋污染、生态失衡、气候变暖、生物多样性危机、病毒肆虐、能源危机、粮食短缺等,这其中许多问题和危机的解决,有赖于人类的共同努力,尤其是科学技术的发展。而科学技术的发展不仅仅是科研人员的事情,也与公众密切相关。大量的事实表明,如果公众对科学探索、技术创新了解不深入,甚至有误解,最终会影响科学自身的发展。科普是连接科学和公众的桥梁。这套“牛津科普读本”,着眼于全球现实问题,多方位、多角度地聚焦全人类的生存与发展,包括流行病、能源问题、核安全、气候变化、环境保护、外来生物入侵等,都是现代社会公众普遍关注的社会公共议题、前沿问题、切身问题,选题新颖,时代感强,内容先进,相信读者一定会喜欢。

科普是一种创造性的活动,也是一门艺术。科技发展日新月异,科技名词不断涌现,新一轮科技革命和产业变革方兴未艾，如何用通俗易懂的语言、生动形象的比喻，引人入胜地向公众讲述枯燥抽象的原理和专业深奥的知识，从而激发读者对科学的兴趣和探索，理解科技知识，掌握科学方法，领会科学思想，培养科学精神，需要创造性的思维、艺术性的表达。这套"牛津科普读本"采用"一问一答"的编写方式，分专题先介绍有关的基本概念、基本知识，然后解答公众所关心的问题，内容通俗易懂、简明扼要。正所谓"善学者必善问"，"一问一答"可以较好地触动读者的好奇心，引起他们求知的兴趣，产生共鸣，我以为这套书很好地抓住了科普的本质，令人称道。

王国维曾就诗词创作写道："诗人对宇宙人生，须入乎其内，又须出乎其外。入乎其内，故能写之。出乎其外，故能观之。入乎其内，故有生气。出乎其外，故有高致。"科普的创作也是如此。科学分工越来越细，必定"隔行如隔山"，要将深奥的专业知识转化为通俗易懂的内容，专家最有资格，而且能保证作品的质量。这套"牛津科普读本"的作者都是该领域的一流专家，包括诺贝尔奖获得者、一些发达国家的国家科学院院士等，译者也都是我国各领域的专家、大学教授，这套书可谓是名副其实的"大家小书"。这也从另一个方面反映出出版社的编辑们对这套"牛津科普读本"进行了尽心组织、精心策划、厉心打造。

我期待这套书能够成为科普图书百花园中一道亮丽的风景线。

是为序。

杨叔子

（序言作者系中国科学院院士、华中科技大学原校长）

致谢

这本书的大部分信息都是本书作者们在日常工作中所获得的，本书得到了美国联邦政府和多个州的资助。我们对上述一切资助深表感谢。

撰写本书也是我们学习新知识的过程，与共事的农业科学家们以及美国农业部、环境保护署、食品药品管理局的政府工作人员之间的大量对话让我们深受启发。为了更好地理解食物争议的本质，我们接触了维权人士、非营利组织、作家、纪录片制作人、农民、农业综合企业以及食品工厂等，他们都愿意与我们进行深刻交谈，并点评了部分稿件，我们对他们的帮助表示感谢。

写这本书需要我们从为同行科学家撰写深奥的期刊文章

的常规路线中转换出来，设法吸引公众的注意，如果没有我们学院的系主任和院长的热情帮助，有些事我们可能无法完成。

注释

本书的所有原始资料和参考文献均可在网站 fbaileynorwood. com 上查到。

欢迎读者就对本书的疑问或者评论联系本书的作者们，诺伍德(Norwood)和奥尔泰纳库(Oltenacu)对本书所有的章节均有贡献。兰开斯特(Lancaster)参与了第 2、3、4 章的撰写，卡尔沃(Calvo)参与了第 8 章动物保护部分的撰写。

目录

1 我的食物与你有关

乔纳森·海特(Jonathan Haidt)是一位社会心理学家,研究自由主义者和保守主义者所持有的不同价值观。他在2012年出版的一部著作《正义之心》(*The Righteous Mind*)中这样写道:“自由派有时会说宗教保守派在性的问题上过分保守……然而保守派也会嘲笑自由派为了争取均衡早餐所做的斗争——关于原生态鸡蛋、公平贸易咖啡、天然食物、各种毒素等的道德问题上的平衡,而这其中的有些食物(比如转基因玉米和大豆)对人类精神上造成的威胁要比生理上大得多。”

我们的另一位食品活动家朋友,在回复中评论道:“保守主义者并不在意他们的身体摄入的是什么,只要它们足够快捷、方便还有便宜。”这两则评论都采用了幽默诙谐的方式,因为作者都不是政治家,而且他们也都不想与任何一个派系扯上关系。然而这些幽默中总藏着一部分真相,而食物也确实成了一个能在政治上引发分歧的话题。

人们经常会谈论食物,但是在过去,所谈论的大部分内容是关于个人健康、口味和我们的购买力的。现在食物仍然是一个社会话题,因为你吃的食物对你以及整个社会都会产生影响,这也使得农业成了一个道德问题。

农作物的种植方式对土壤被侵蚀后流失的数量、是否会造成湖泊污染、温室气体的排放以及子孙后代养活自己的能力都有影响。家畜是有知觉的生物，而消费者普遍希望他们的食物是被人道饲养的。因为你的饮食会影响其他人类和动物，你的同胞们非常希望你吃的是他们认为合乎道德的食物。农民同样想要生产合乎道德的粮食。问题是人们对于什么是“合乎道德”的食物存在相当大的分歧。在过去，你吃什么可能只是你自己的事，但现在，它与每个人都有关——农业变成如此有争

农作物的种植方式会对环境产生影响
Photo by Henry Be on Unsplash

议的话题，其实一点都不奇怪！

这些食物争议可能变得很恶劣，比如乔恩·施托塞尔(Jon Stossel)曾经称美国纽约州众议员费利克斯·奥尔蒂斯(Felix Ortiz)是“毒瘤”，因为他呼吁对垃圾食品征税(顺便说一下，奥尔蒂斯回应说自己是“良性肿瘤”)，又如罗伯特·F. 肯尼迪(Robert F. Kennedy)将养猪的农民们称为比奥萨马·本·拉登(Osama bin Laden)更大的威胁。随着各种奇怪的谩骂愈演愈烈，双方都试图比对方花费更多的金钱来进行更努力的游说。我们写这本书是因为我们觉得生活中充斥了太多争论和谩骂，而且很多书和纪录片都仅代表了争论的其中一方。我们在农业经济学方面的研究也为我们提供了独一无二的机会与产业和利益团体进行互动，并且我们也了解到争论的双方都是理智的、友善的人们，他们希望能以一种合乎道德的方式来生产健康的、大众能负担得起的食品。

只有当我们对争论双方的角色和思维给予尊重时，我们才能继续探讨这些有争议的问题，在本书中我们也努力这样做。当我们游走在农业论争的时空长廊中时，我们试图阐明为什么同样理智和友善的人们会在食物观上形成巨大的分歧，同时从经济和科学的角度来对此问题提出我们的观点。我们的理念并不是想说服读者接受我们的观点,也不是要宣布食物争论的某一方取得了胜利,而是帮助读者看到更多不同的观点,无论这些观点是什么。

纵观这些使人们产生分歧的事物,我们可以参考近年的一项盖洛普民意测验(Gallup poll),这项民意测验是询问美国人民对自由企业制度的印象是正面的还是负面的。大部分(88%～94%)民主党和共和党人士都对其持肯定意见(如图1.1所示)。这两个政治阵营的美国人都尊重企业的诚信经营。当然,民主党和共和党并非在所有问题上都意见一致,并且盖洛普民意测验发现民主党和共和党对大型机构,比如大型企业、美国联邦政府都持有不同的看法。约有75%的共和党人士对大型企业持积极态度,然而只有约44%的民主党人士持同样的态度。当我们问到对美国联邦政府的看法时,只有27%的共和党人士表示赞许,与此相比,大部分(75%)民主党人士都对美国联邦政府持赞许态度。数据清晰地表明:共和党人士不喜欢大型政府机构,而民主党人士不喜欢大型企业(或者,至少他们是这样说的),正如我们所见,人们对大型企业的态度的分歧就像对农业科学一样。要说清楚的一点是,对于食品生产的自由企业体系,人们并没有什么争论。人们并不是对资本主义与社会主义的对抗进行争论,而是讨论以哪种模式来对资本主义进行规范最好。

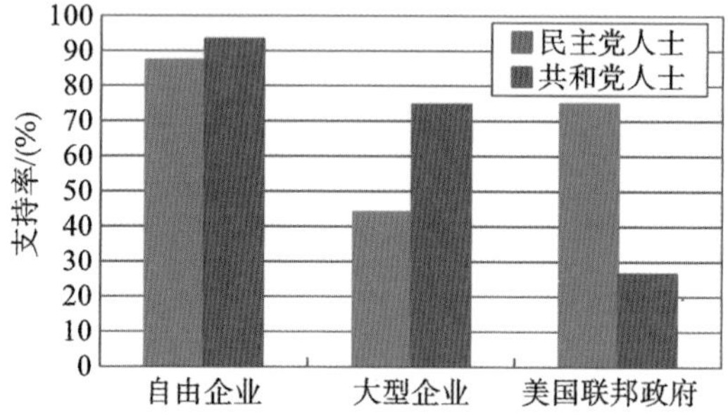

图 1.1 美国的政治意识形态分布图

注意,“民主党人士”既指自称为民主党的人群,也指倾向于民主党的人群。关于“共和党人士”也可以做类似的声明。

来源:弗兰克·纽波特(Frank Newport),《民主党和共和党在资本主义和联邦政府问题上的意见分歧》,《盖洛普政治》2012 年 11 月 29 日。

正如读者可能会怀疑的那样,当谈论到食品健康和食品安全时,自由主义者更倾向于政府监管。有机食品的消费者和动物福利立法的支持者们在政治倾向上也更可能是左派。可以毫不夸张地说,食品活动家——我们指的是寻求农业变革的最有发言权的人——很大一部分是自由派人士。(这里的“食品活动家”不是委婉的说法,也不是指极端主义者,而是反映一部分人士对农业改革的热情)。现在,综合两个事实可知:①自由主义者对大型企业持消极态度;②大多数食品活动家都是自由主义者,并且有案例可以解释许多农业争论是如何产生的。这是非常简单的案例，虽然大多数人的观点会与案例本身所暗示的有细微差别。例如，关于对转基因食品的看法就不能简单地从政治立场来解释，有一些证据表明，保守派人士比自由派人士对转基因食品更反感。

再者，美国加利福尼亚州当时基本上所有投票支持奥巴马连任的县也都给转基因食品贴上了支持的标签，但是在其他县则恰好相反，所以当谈论到转基因食品时，人们对于它的监管政策等是有争议的。所以你看，农业争论不仅仅是科学层面的争论，也含有政治的成分。大多数科学家倾向于将农业科学和政治分开，但是现在，政治和食物有千丝万缕的联系。这在我们购买食品的区域也有所体现。有研究表明，当你开车穿过美国某一个地区，发现这里"饼干桶"乡村连锁餐厅的数量异常之多，那么这片区域很有可能是由共和党人士所主导的。同样地，全食超市则在民主党人士所主导的区域会更常见。然而，尽管政治使人不舒服，但是不包含政治的话，农业争论就无法诚实地开展。忽略关于食品的政治问题是为了避免那些与食品无关的政治争论，本书尽力认真对待所有的争论，以及所有的人。

无须担心，这不是一本关于保守派和自由派之间对抗的书。从政治层面上解释农业争论，最重要的不是某个人属于哪个派别，而是一个人对待大型企业的态度。"企业"这个词在书中和食品活动家所录制的纪录片中出现的频率都是相当高的。出于此因，“保守派”和“自由派”在之后的章节中将不会出现，但是“企业”一词将会贯穿全书。

多数自由主义者不喜欢大型企业，而多数保守主义者不喜欢大型政府机构，这是件很有趣的事情，因为在现代民主国家中，农业同时包含了这两者。过去，农业主要由小农户、提供原料的小工匠以及向消费者提供食品的小型企业组成。从中世纪到19世纪早期，在美国，大约90%的人口都在农场劳作。

食品健康受到密切关注
Photo by Dan Gold on Unsplash

现如今，这个比例还不到 2%。尽管如此，农业产量并没有因此下降。令人惊讶的是，因为农场的平均规模扩大，以及更重要的是生产率的骤增，农业产量反而有所上升。生产率的提高要归功于我们现在所说的“农业综合企业”对生产率的显著提高和技术革新的推动。化肥、合成农药、合成生长激素，以及优良作物和家畜遗传都使得农民的粮食产量有所增加。

我们的绝大多数食品在从农场到餐桌的过程中都经过了至少一家大型企业的加工过程，对于那些不信任大型企业的人来说，可能会对这个事实有所怀疑。为什么大型农场和大型企业在食品领域能够占主导地位呢？规模经济是其中一个原因，即公司的产量越高，单位产品的成本就越低。研究表明，美国伊利诺伊州 900 英亩[①]大型农场的大豆生产成本要比 300 英亩的农场低 82%（每蒲式耳[②]），大型谷物农场比小型谷物农场的生产成本低 38%（每蒲式耳）。同样地，拥有超过 2000 头牛的奶牛场比拥有 30 头或者数量更少的牛的奶牛场的生产成本（每加仑牛奶[③]）要更低。大型的生猪屠宰设备比小型设备的成本低 11%（每磅[④]），大型啤酒厂的成本（每盎司[⑤]）是小型啤

---

① 1 英亩≈4046.86 平方米。——译者注
② 1 蒲式耳≈36.36 升。——译者注
③ 1 加仑≈3.79 升。——译者注
④ 1 磅≈0.45 千克。——译者注
⑤ 1 盎司≈0.03 升。——译者注

酒厂的一半。

大型企业可以承担研发成本，用以开发和推广科学技术，比如农药、化肥以及转基因作物等。正是由于规模经济和新技术的发展，尽管世界人口在增加，农民数量在减少，世界粮食价格在过去100年中仍稳步下降。

食品活动家并不质疑图1.2中的数字，但是他们坚持认为食品质量也在下降，而且农业工业化将部分生产成本转嫁给社会，使得食品的实际成本高于杂货店的价格。例如，食品生产过程中可能伴随着水污染，而食品企业并不治理污水，治理污水的成本就转移给了其他社会团体。

食品活动家有时辩称，企业之所以发展壮大，不仅是为了从规模经济中获益，也是为了获得市场权利和政治影响力。他们看到杂货店里种类繁多的食品，发现它们都是由少数几家食品公司生产的，这让他们觉得自己受到了大型企业的摆布。图1.3显示大量的食品品牌是属于少数几家企业的，这使得评估食品市场是否具有竞争力变得困难。为了对抗大型企业的势力，现代民主国家也逐渐进化出了大政府，这体现在很多与农业和食品加工有关的规章制度中。美国的食品安全法规可能过于烦琐，甚至禁止个人向无家可归者提供免费食品。这些规定也有好处，可以确保食品不会掺假，批准销售的杀虫剂是安全的，湖泊不受肥料径流的影响，肉类不含抗生素，牲畜被以人道的方式宰杀。

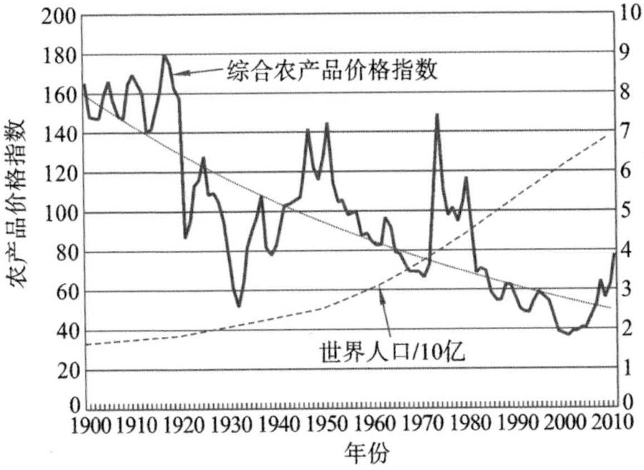

图 1.2 自 1900 年以来的农产品价格和人口增长

来源：基思·富格利(Keith Fuglie)、王孙林 (Sun Ling Wang，音译)，《新证据表明全球农业生产率增长强劲但不均衡》，《琥珀海浪》2012 年 9 月 20 日。美国农业部经济研究服务局(Economic Research Service，US Department of Agriculture)。2013 年 8 月 15 日由基思·富格利提供的图表数据。

大型企业和大型政府机构的崛起是一件好事，在允许通过规模经济降低食品价格的同时，也保护了我们免受不负责任的企业行为的影响。然而，食品活动家似乎持相反的观点，他们认为事实是大型企业使得大型政府机构腐化，允许大型企业制定利己的规则。食品活动家、畅销书作家迈克尔·波伦(Mi-

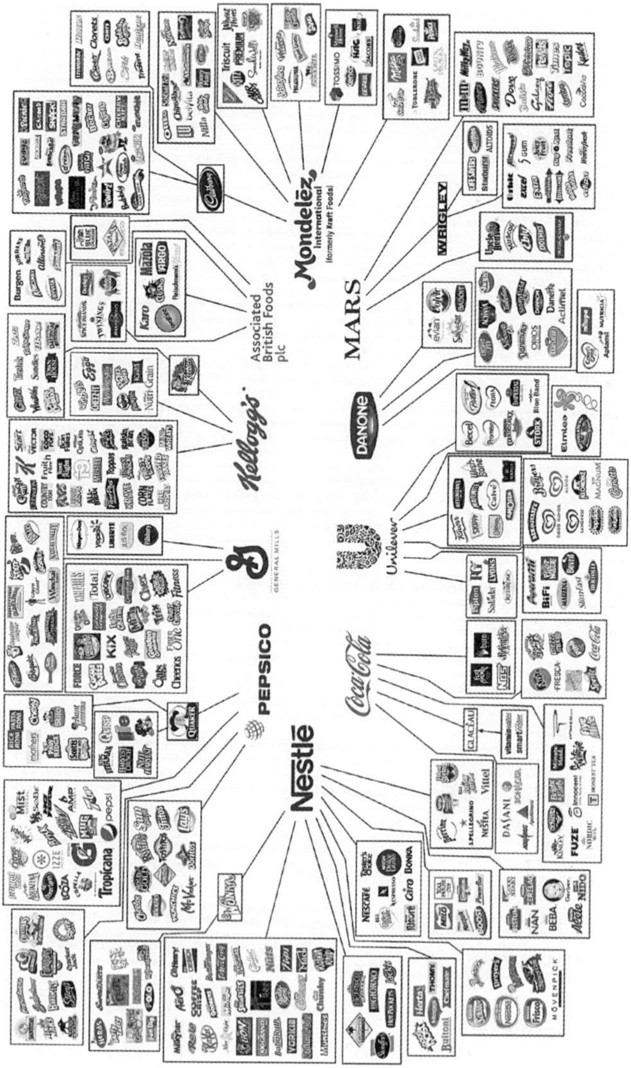

图 1.3　食品市场竞争激烈吗？

来源：本图为约基·德诺尼戈捷(Joki Desnommée-Gauthier)2012 年为国际乐施会所制作。

chael Pollan)在参加 2013 年的《科尔伯特报告》(*The Colbert Report*,美国电视节目)时,提出食品由一家公司来生产是不健康的。聚宝盆研究所(The Cornucopia Institute)发布了一份表格,标题为"美国农业部是孟山都公司(Monsanto,美国著名农业生化公司)的全资子公司吗?",表中列举出了 15 个同时在美国农业部和孟山都公司位居要职的人。"食品民主"(Food Democracy Now!)组织称美国政府更关心农业综合企业的利益,而不是农场家庭和消费者的利益,这一事实激励了他们。当然,这并不是新主张,也不仅仅是针对农业。

一些活动人士认为,大型企业和大型政府机构的"双子塔"是不可避免的,因此支持产生一个更大的政府,希望它能对食品生产施加更民主的控制。"食品民主"组织早先就提到,他们认为是企业决定政府的政策,同时要求政府对转基因食品进行强制性的标注。还有一个案例就是美国人道主义协会(Humane Society of the United States),他们的战略是假设大型的、封闭的动物喂养行为将持续下去(是的,美国人道主义协会希望全世界的人们都是素食主义者,但是这显然是不可能的)。因此,为了减轻农场动物的痛苦,他们追求推行相应的规章制度。

出于对大型政府机构和大型企业的不满,有些人请求我们为小企业着想,并建议我们应该抵制从大型企业的农场处购买食品。随着人们对无化肥或农药添加、非实验室培育的种子所生长的食品期望值的增加,有机农业应运而生。有机食品在一定程度上是对现代经济中盛行的工业生产方式的抗议,但是有人认为这种生产方式与合乎道德的食品互不相容。后来,当沃尔玛开始销售有机食品时,对一些人来说,有机食品已经失去了原有的吸引力。有些人可能会说这是因为它们

在农场饲养的猪
Photo by Pascal Debrunner on Unsplash

全部被卖给了大型企业。

沃尔玛的成功有许多原因，其中之一是它庞大的分销系统将消费者和数百英里[①]外的农民连接起来。这个系统似乎不具备销售当地食品的能力，所以当本地膳食主义者开始写书和制作电影时，他们认为当地的食品不会受到企业竞争的影响。永远不要低估沃尔玛，因为它最终也想出了如何在这个市场上竞争的方法。现代食品运动就像捉迷藏游戏，食品活动家试图将自己与大型企业区分开来，不料却被大型企业成功地拉拢了。

食品争议除了关乎谁出售食品，还与食品的种植方式有关。这一点在转基因食品争议中表现得很明显，在这场争论中，反对派的领导团体似乎更不喜欢孟山都公司，而不是转基因技术本身。在网络搜索引擎中输入"孟山都"，有时它会建议你添加"邪恶"一词，因为很多其他的用户都是这样搜索的。在2011年的一项在线调查中，自然新闻网(NaturalNews. com)的读者甚至将孟山都评为"年度最邪恶公司"。

食品活动家们不仅在领导一场"小即美"的运动或一场"更多监管"的运动，他们正在努力改变饮食文化。他们希望在食

① 1英里≈1.61千米。——译者注

品领域的“占领华尔街运动”中向食品产业注入更多的民主力量，不是通过自上而下的政治权力垂直体系，而是通过由关心食品渠道的每一个环节的公民构成的水平的非正式网络。“这会对整个社会、动物还有环境带来怎样的影响呢?”他们会问很多类似的问题。他们写书；他们形成组织，建立网站；他们制作食品纪录片。当觉得有必要时，他们会通过游说来促成反对这些公司的法律，而且当他们这样做的时候，他们会将组织命名为“食品民主”。他们游说是因为企业在游说，以及为了政治影

转基因水稻的种植比较常见
Photo by Simon Fanger on Unsplash

响力的军备竞赛还在继续。

这场现代食品运动的产物不仅仅是在商店里买到的新产品，还有关于食品的新问题。我们不只是被要求购买有机食品和支持更多的法规，还要以不同的方式思考土壤问题，同时更关注我们的碳足迹，并考虑农场动物的情绪。消费者、食品活动家、农民还有食品工业都在对食品提出深刻的问题，这些问题值得我们关注。

这些争议涉及化肥、杀虫剂、全球变暖问题、转基因食品、农业补贴、市场权利、本地食物以及我们如何饲养牲畜等。每一个争议都可以用不同的方式来解决。作为作者，我们选择在发达国家讨论和处理这些问题(主要是在美国)，不是因为它们更重要，而是因为它们是我们最熟悉的。许多发展中国家只想养活本国人民，并种植足够的经济作物，以帮助本国在经济上超过温饱水平，进入富裕世界。发展中国家的贫困人口可能很难理解为什么某些美国人会想要承担更高的食品价格。对于西欧的几个国家、美国和澳大利亚的某些人来说，食品不仅是生存下去的“燃料”，也是他们身份象征的一部分。他们在市场上购买的食品和光顾的餐厅表达了他们的信仰和价值观。我们都希望以某种方式为社会做贡献，而有些人选择了食品这条利他途径。富裕的国家有条件对环境和动物福利投入更多的关注,而发展中国家也正紧随其后。这意味着我们所讨论的农业争论既与当今的发达国家有关,也与未来的发展中国家息息相关。

2　农药论争

什么是农药论争?

玛戈·韦尔克(Margot Woelk)在她95岁时透露,在纳粹德国时期,她曾是希特勒的食物品尝员。希特勒因为害怕英国人会在他的食物中下毒,只有在玛戈和其他14个作为官方品尝员的女孩试吃之后,他才会吃。希特勒是恶魔,但是他并不傻。他知道毒药对每个人的作用可能是不同的,并且知道任何一种食物如果伤害到女孩的话,就可能也会伤害到他。

每年我们都会喷洒一些类似毒药的东西在我们的食物上,并且用一些类似的"希特勒体系"来确保我们不会受伤害。不过两者的动机是截然相反的——希特勒只关心他自己的人身安全,而我们是为了寻求全人类的安全。无论是合成农药还是有机食品中使用的"天然"农药,都是为了灭杀三种类型的有害之物:昆虫、杂草以及病原体(例如,真菌和病毒)。在某种程度上,它们也会对我们产生毒害作用,很多农药含有致癌物质,会造成人类的神经紊乱以及类似状况。然而,我们的食物似乎对大部分人来说是安全的,自1992年以来,癌症发生率与之前基本持平甚至有所下降,癌症死亡率也有所下降,并且美国人均预期寿命在持续稳定地增长。

我们能够绝对肯定农药是被安全使用的吗？不能完全肯定，我们会“雇用”测试员——它们不是人类，而是动物。所有的农药都必须经过美国环境保护署的批准，我们再分别以不同的剂量注射到实验动物体内。这些动物的健康状况被实时监测，用以评估农药可能对人体健康造成的威胁。然后，美国环境保护署再决定这些农药能否被允许使用，如果可以，就会列出特定的指示来说明这些农药该如何使用。

用动物来做农药测试不残忍吗？当然，我们是不乐意这样做的，但是如果不对动物进行实验，就将会对人类造成伤害——这是90%的毒理学家都同意的观点。农药的使用降低了食物的成本，使得蔬菜和水果的价格更便宜；提高这些健康食品的价格，那么人类的癌症发病率以及出现其他健康问题的概率也会一并上升；如果不忍伤害实验动物，那么就会对一部分人类造成危害。现代民主社会必须在伤害实验动物和危害人类之间权衡。从某种意义上说，为了尽可能减少对动物和人类的整体伤害，我们必须“选择我们的毒药”。

现代世界牺牲少量的实验动物来保护人类。除此之外，美国环境保护署也在寻求在不牺牲食品安全的情况下尽量减少动物实验的新方式,比如近年发展起来的分子生物学和计算机科学,在某些领域可以研发出替代动物实验的方法。

2013 年 6 月,《华尔街日报》(*The Wall Street Journal*)发起了一场题为“多吃有机食品会使美国人变得更好吗?”的辩论,辩论焦点主要放在农药上。对于辩题中的问题,有人回答是,有人回答不是,他们的辩论理由很好地展示了农药论争。有人主张支持有机食品,认为监管机构在保护公众健康上做得

多种蔬菜需喷洒农药
Photo by NeONBRAND on Unsplash

不够，而另一方认为常见的食品不仅安全，而且正是由于农药的使用，蔬菜和水果更加经济实惠。

> 吕陈生[Lu Chen-sheng(Alex)]：许多人说在我们的食物中发现了农药，这并没有什么可怕的，因为其含量远远低于联邦安全标准，而且这并不会危害到我们……但是联邦安全标准没有考虑随着时间的推移，长期摄入微量化学物质会对人体有什么影响。很多农药在使用一段时间后被联邦政府禁用或限制使用，因为我们发现它们对环境和人类健康是有害的。
>
> 珍妮特·H. 西尔弗斯坦(Janet H. Silverstein)：考虑到缺乏关于有机食品能够改善健康的数据，如果鼓励人们去接受有机食品，反而可能会起反向的效果，最后以人们减少农产品的购买量而告终……至于农药的接触量，美国在 1996 年制定了食品中农药残留的最高允许水平参考值，以确保食品安全。很多研究结果表明，常见食品中的农药水平远远低于这些参考值。
>
> ——《多吃有机食品会使美国人变得更好吗?》，

载《华尔街日报》,2013年6月17日

关于农药的论争可归结为监管机构对于农药的使用是否能够做出明智的决定,以及我们是否不得不采取措施来保护我们自己。在美国,这个机构就是美国环境保护署,它被要求只有在对人类或环境不构成过度风险的情况下才能允许使用农药,同时也要考虑经济成本和利润。现在的争论焦点就是美国环境保护署是否履行了这些职责。

使用农药有什么好处和坏处?

在对农药的管理制度进行深度探讨之前,我们应该对农药的优点和潜在危害有更高层面的鉴别。优点是农药可以保护农作物不受昆虫、杂草还有病原体的破坏,在同样的投入下使农民有更多的产出量。对消费者而言,这意味着食品供应量的增加和价格的降低。

花生是最健康的食物之一,并且相对便宜。如果不允许使用农药的话,花生的产量将会下降大概3/4;大约1/3的减产是因为没有使用除草剂,另外的2/3是因为没有使用杀虫剂和杀菌剂。由于市场上的花生总量少了,价格就会上升,大概会增长到原价的 2.5 倍。大米在世界上大部分地区是主食之一,如果不使用农药,大米产量将会下降大概 57%。如果不使用农药的话,一些健康食品如苹果、生菜、西红柿以及橙子的产量,都会下降至少 1/2(以上数值均来自美国)。这些都是专家不断告诉我们要多吃的水果和蔬菜的相关情况。农药的使用允许我们用更少的土地生产同样数量的粮食,而且方便农民采用免耕农业技术,不需要翻耕,从而减少土壤侵蚀和肥力流失。

种植花生的农场
Photo by on VisualHunt

如今很多转基因作物之所以受到重视，是因为它们对农药有抗药性，这个问题我们将放到另一章中讨论。

农药本身并不是毒药。创立于16世纪的毒理学第一定律指出产生毒性的关键是剂量，而不仅是化学品。在日常生活中，我们经常会接触到天然杀虫剂，毕竟植物会自己产生杀虫剂来赶走害虫，而我们又大量食用这些植物。

如果人们接触到的农药剂量不够安全，农药则可能会引起癌症或多种神经系统疾病，如帕金森病。在过去的几十年中，使用农药对人类健康造成的伤害达到什么程度了呢？我们了解得越多，越难回答。在20世纪80年代初，研究认为农药对人类健康的影响微乎其微，导致一些人甚至得出了死亡几乎跟农药导致的癌症无关的结论。从那时起，我们知道了要确定农药对人类健康的影响是多么困难，因为还要考虑到我们接触到的致癌物种类繁多（有烤肉、炸薯条和咖啡中的丙烯酰胺，还有家庭清洁用品等），并且从接触到对健康产生影响之间还有一定的延迟。科学家相当确定约有1/3的癌症是由吸烟导致的，另外的约1/3是由不规律的饮食、超重以及缺乏锻炼引起的，但是剩下1/3的来源很难确定。

对于致癌的另外1/3原因，农药的使用确实是其中之一。非霍奇金淋巴瘤、前列腺癌、黑色素瘤以及其他多种癌症或肿瘤疾病都与农药的使用有关。长期使用农药的、在农场生活的或者从事农药生产的这几类人似乎比很少接触农药的人群的癌症发病率更高。

当我们考虑到农药会通过各种间接方式对人类造成影响时，情况就变得更加复杂了。近年来，蜜蜂的数量在急剧减少，出现了一种被称为“蜂群崩溃综合征”的现象，尽管造成这种现象的原因还不明确，但农药还是要承担一部分责任的。因为我们要依靠蜜蜂来对水果和蔬菜进行授粉，这种间接影响可能会抵消某些农药的直接益处。

关于农药是否会对人类构成潜在的危害，这几乎是没有争议的，问题是农药的实际危害是否可以观察到，如果可以，那么农药所能带来的好处是否能弥补它们所造成的危害？例如，农药可能会直接导致癌症发病率轻微上升，但是通过大幅度降低水果和蔬菜的价格又间接地大大降低了癌症发病率。梅奥医学中心列出了七项减小患癌风险的建议，第一项就是戒烟；第二项是要健康饮食，通常被理解为多吃水果和蔬菜，控制摄入的油脂量，少饮酒。而避免食用使用过农药的食物的建议甚至没有出现在这个清单里。

既然我们认识到了农药危害和益处之间的权衡，那么我们现在就转向西方民主国家对于农药的监管，在这里我们主要关注美国的管理系统。尽管在西欧有关农药管理的法律体制有所不同，但是所采用的方法、目标以及存在的挑战还是很相似的。我们所说的有关美国环境保护署的大部分内容都可以拓展到欧盟。

健康饮食需要多摄入水果和蔬菜

Photo by amoon ra on Unsplash

如何监管农药?

在合成农药出现的早期(20 世纪 40 年代),推销员为证明合成农药的安全性甚至会喝下这种化学品,这种情况并不少见。有人总会怀疑推销员是不是耍了什么诡计,但这也证明了人们曾经认为农药是多么安全啊! 农药滴滴涕(DDT)在第二次世界大战期间曾被称为"人类的救世主",因为这是第一次有更多的人死于伤口感染而不是疾病传染的战争。农民们开始大规模使用滴滴涕,政府也往水体中喷洒大量的滴滴涕来杀死蚊群。

蕾切尔·卡森(Rachel Carson)并不这样认为,因为她记录了滴滴涕对于动物的累积效应。她在 1962 年出版的《寂静的春天》(*Silent Spring*)一书中,对滴滴涕进行了严厉的控诉。这本书发起的环保活动持续至今。人们普遍认为,她的书说服了理查德·尼克松(Richard Nixon,美国第 37 任总统),使其在 1970 年通过行政命令建立了美国环境保护署。美国环境保护署在其官方历史中承认是《寂静的春天》推动了美国联邦政府去处理农药的威胁,以及解决其他的环境问题。

农药自古以来就被使用。在《奥德赛》(*The Odyssey*)中,荷马笔下的尤利西斯(Ulysses)对他的护士咆哮道:“护士,把防爆硫黄拿来,再把火拿来! /让我把城墙用硫黄来熏一熏。”希腊人很有可能从史前时代就开始使用硫黄,这样的经历教会了他们如何安全使用硫黄。如今合成农药通常是在工厂里生产出来的,新型配方不断地被推出,人们并没有世代使用合成农药的经验,因此需要可控实验来确定它们可能产生的健康隐患。

美国联邦政府要求所有的农药都必须在美国环境保护署进行注册。我们需要不断对旧的农药种类进行审查以确保它们符合新的安全要求。农药注册后,必须在美国环境保护署批准的允许范围内使用。如果美国环境保护署对农药的注册和确定批准剂量方面做出明智的决定,那么农药的使用就几乎不会带来危害了。

为了确定某种农药是否安全,美国环境保护署首先要求农药公司提供这种农药在田地的农作物中的最大残留量(当农药使用量为最大剂量时),以及在食品加工中其含量的相关数据,然后美国环境保护署再来确定这些残留物是否有害。这就是要用到测试员——实验动物的地方。通过让动物接触不同剂量的农药,研究人员可以确定农药对动物造成伤害的阈值。这个阈值可以用残留量与动物体重的比值来表示,因此它可以用来确定人类的合适阈值。

在毒理学中,这个阈值可称为半数致死量,或 LD_{50},指可以杀死实验中半数动物所需的剂量。这相当于一个标准剂量,可以让我们比较不同化学品造成危险的相对值,这个值有时也能说明多种农药的安全性。几乎所有大豆种植区域所使用的除草剂草甘膦的半数致死量为 4320 毫克,似乎比食盐($LD_{50}=3300$ 毫克)更安全,也比咖啡因($LD_{50}=192$ 毫克)更安全。如果你不怕咖啡里的咖啡因的话,似乎就没必要害怕被用于大豆的除草剂了。

LD_{50} 这样的量度通常用来确定农场中所使用农药对农场工人的潜在危害。为了确定食品消费中的潜在风险,美国环境保护署并不是用 LD_{50} 作为一个衡量标准,而是使用"最大无毒性反应剂量"即 NOAEL 来作为衡量标准。这是可使用农药的最高剂量,在这个水平下动物不会有不良反应,其中包括几乎所有方面,如体重减轻,或体内某种酶的产生发生改变。这些研究都很全面,有时甚至会连续观察好几代的动物。

人体生物学与实验动物的生物学不同,所以需要格外安全,NOAEL 阈值(再强调一次,是以单位质量的残留量为单位)再除以一个“安全”系数(取 100～1000 的一个多位数),这样美国环境保护署才能确定这种农药是否安全。这个阈值考虑到了消费者可能会接触到农药残留物的所有途径,所以它考虑了消费者完整的膳食结构(包括进口食品,甚至包括饮用水)。

只有当农药的剂量达到足以伤害动物的水平的数百倍或数千倍时,它才会对人类造成伤害。为了了解安全系数的重要性,可以试试这个实验。一天吃大量的巧克力——比你任何时候能想象到的都多,很可能你都没事。如果你给狗按体重每磅等比

咖啡豆
Photo by Jessica Lewis on Unsplash

例喂食相同重量的巧克力，那情况就不妙了——事实上，不要那样做，因为狗可能会死掉。这就是为什么美国环境保护署要使用这样一个很大的安全系数。如果你喂给狗吃的巧克力的分量是你的分量的 1/100，可能它也会没事。

婴儿和儿童对农药的反应也不同，所以为了保护孩子，其他的因素也需要考虑。例如，美国的《食品质量保护法》规定，如果无法获得儿童安全阈值的可靠数据，那么安全系数就应该再提升 10 倍，可能从 1000 增加到 10000。

为什么我们必须用动物来做实验呢？因为对照实验在确定某种农药什么时候会对健康造成危害时是绝对必要的。在现实生活中，人们接触的农药越多，身体健康状况往往会越差，但是这个相关性并不构成因果关系。那些常吃非有机食品的人也可能倾向于少吃蔬菜、吸烟，而且很少运动。如果这些人更有可能患癌症，难道仅是农药的使用引起的吗？或者是蔬菜吃得太少？还是太缺乏锻炼？单一实验不能说明问题，所以对照实验还是很有必要的，以便确定当其他条件保持不变时，增加农药的用量对动物会产生怎样的影响。因为它们很有必要，以至于约 90% 的毒理学家不同意“动物实验无用论”这一论述。

这个阈值与非癌症健康问题的预防有很大关系。如果给实验动物施加较大剂量的某种农药使得动物患癌，美国环境保护署将会假定这种农药没有安全剂量，并且拒绝对该农药进行登记。对于涉及允许农药使用的问题时，美国环境保护署是肯定不会松懈的，如果某种农药会使人们患癌的风险增加，即使是百万分之一的概率，这种农药也通常不会被批准使用。

监管人员不仅要衡量农药对人类的潜在危害，还有其对环境的潜在危害。美国环境保护署会做一系列广泛的环境影响评估，甚至包括对濒危物种潜在影响的评估。当某种新型农药被批准使用时，人们可能没有预料到它会导致蜂群崩溃。随后，当研究确定这种农药有一部分责任时，欧盟对其施行了为期两年的禁令，同时美国环境保护署则根据情况研究来决定是否需要施行新的禁令限制。

农药监管不仅要考虑农药的安全性，还要考虑它能带来的好处。某种化学物质能通过接触直接危害人类，但是它可以使水果、蔬菜等健康食品的价格降低，在这方面有助于人类健康。因此，NOAEL 值低的农药相比 NOAEL 值高的农药能够更好地降低水果和蔬菜的价格，它可能对人类造成的危害也更小。如果美国环境保护署在阐明某种农药的使用方式时没有考虑这种农药对农作物产量的好处，这会被认为是一种失职。

最后，对动物实验的监管不会停止，人对农药的反应可能与动物不同，而且也不能确保所采取的安全措施能够提供足够的保护。此外，实验也不能揭示接触所有使用的农药的累积危害。就像一小口一小口地喝掉很多瓶酒，每一口对你的驾驶能力的影响可能不太大，但是当叠加到一起时，你就会掌握不了方向盘了。为了找出相关性，研究人员一直在收集个人健康信息以及他们接触的有毒化学品数据，比如农药。这个研究领域属于流行病学，它是对农药监管有效性的补充意见。流行病学研究用于帮助修订已有条例，并帮助政府在未来制定更好的新型农药法规指南。

农药法规到底有多大效果？

很显然，到现在美国环境保护署和欧盟的同行都根据所进行的动物实验和流行病学研究针对农药制定了很高的安全标准。问题是这些标准是否能够得到贯彻执行。如果农药对人类的影响只像实验中对动物的影响一样，农药法规也被正确执行，那么农药在农业上的运用是十分安全的。如今农药的安全使用在一定程度上是可能实现的，部分原因是新技术可以检测出每千万亿分之一左右的农药残留（就像在一个奥运会规模的游泳池中检测出一粒盐）。举例来说，就是在你的一生中，你必须每天吃 7000 多个番茄，体内农药才能达到传统方法种植的番茄的最大残留水平。由于你所食用的番茄数量远小于上述值，所以没有理由害怕这些番茄。

政府机构也会对食品进行抽样检测，以确保能够观察到耐受水平，而大多数情况下确实如此。在 2008 年，美国相关机构对谷物、奶制品、海产品以及水果的抽样检测中，所有检测品种的残留量都没超过美国环境保护署所规定的耐受标准，只有 1.7%的蔬菜超标。进口食品的超标比例略高，但是也低于 5%（除了“个别”食品类达到 8.3%）。其他的研究也能支持这一发现，即农药残留量很少超过美国环境保护署规定的最大值。记住，即使有极少量食品的农药残留量超过了允许值，其农药残留量也远低于造成实验动物健康问题的水平。

流行病学研究发现，农药确实会对人类健康造成影响。有个作者打印并存档了某三年内美国每日科学网站（ScienceDaily.com）上有关农药的文章。那这些文章中得出农药会危害人类健康结论的比例是多少呢？几乎是 100%！有作者称，孕妇在产前接触滴滴涕会导致产后高血压。另一作者阐述了农药苯菌灵和帕金森病之间的联系，还有人阐述了农药中的添加剂一氧化铅和儿童非传染性咳嗽之间的联系，还有很多其他案例（读者可以到美国每日科学网站上通过搜索关键词"pesticide"自行查看）。

关于流行病学研究的问题是，这项研究很容易建立起人类健康、食品还有环境之间的联系，但是要建立因果关系是不可能的。如果有消费者常食用农药残留量少的有机食品，同时也倾向于吃更健康的食物，多锻炼，我们会发现这些个体的癌症发病

市场上常见的番茄品种
Photo by Heder Neves on Unsplash

率更低。你怎么判断到底是农药残留量少、品质更高的食物，还是大量的锻炼使得癌症发病率降低了呢？

为了提供讨论的基础，我们假设相关性也意味着因果关系。难道真是每一项流行病学研究都发现了农药的使用和健康问题之间的联系吗？答案是“不”，但是确实只有那些发现了两者之间的联系的研究结论才会被认为是足够有趣且值得发表的，你会阅读一篇标题为《农药的使用和健康问题没有联系》的文章吗？如果是一篇标题为《常见农药的使用导致婴儿死亡、早发性

各类蔬果

Photo by Julian Hanslmaier on Unsplash

帕金森病和脑癌》的文章呢？学者和畅销书的出版商都知道答案，因此他们很可能更倾向于发表第二篇文章而拒绝第一篇。只有那些既知道已发表的文献，也知道未发表的文献的研究人员才能了解到农药的真正影响。

最后，正如许多农业方面的争议一样，对于农药的使用意见常常被归结为监管机构能否做出明智的判断。明智的判断需要经验、知识，也需要适当的激励。如果有人认为政治家、监管机构、农药贸易公司充斥着腐败，例如旋转门机制，为农药贸易公司工作的人同时也身为监管者，你可能会认为农药监管机构所做的决定并不能保护公众。有这种想法的人可能会通过食用不含（合成）农药的有机食品来保护自己。一些调查显示，这是英国和美国的消费者们购买有机食品的主要原因。

我们，作为本书的作者，对美国和欧盟的监管机构是有信心的，我们相信农业中农药的使用对于食品的安全供应所造成的危害很小。在我们看来，农药在降低果蔬价格方面所带来的好处要胜过它们潜在的危害。然而，我们承认有些读者会不同意这一观点，因此，他们将会通过购买有机食品来保护自己。

有机食品中不含农药吗?

不,有机食品中也可能含有农药残留物。约25%的有机蔬果中含有合成农药。这类农药在有机认证标准下是不允许存在的。这表明并不是所有的农民都遵守了规定(说明传统的农民有时候也会蒙骗人,比如有时会在食品上发现被禁止的农药残留物)。尽管如此,这些残留物还是比传统食品所含有的少得多。当我们说有机食品中所含的农药残留物较少时,这种说法忽略了在有机食品中被允许使用的"天然"农药,这些"天然"农药是指化学物质、生物制剂,以及自然界中的矿物质,它们不需要经过先进的化学工艺和大工厂的加工转化。鱼藤酮是从某些植物的根部获得的,能够引起神经功能紊乱。苏云金杆菌是在土壤中发现的一种细菌。一部分含铜和硫的矿物质产品具有毒性,并且毒性较大。所有这些物质都可帮助农作物预防虫害,如果不加节制地使用,可能会给人体健康带来巨大危害。

这些有机农药有多危险呢?它们会使有机食品比传统食品更加不安全吗?首先,值得注意的是,在大多数发达国家,有机农场只能使用政府批准的有机农药,因为它们被认为是安全的。

有一些天然农药因为它们的毒性而被禁用,如烟碱、铅和砷。那些被允许使用的天然农药通常不受最高耐受水平的限制,因为它们的毒性非常低,不太可能在食品中检测出,或者分解速度很快,因此对健康构成的风险非常小。在美国,大多数有机农药必须由美国环境保护署批准,并且符合相同的安全标准,因此,有机食品中的农药残留物对人体造成的危害要比传统食品小得多。

大多数人认为,虽然有机食品中含有的合成农药残留物较

市面上经常出售转基因玉米
Photo by Alfred Schrock on Unsplash

少,但这似乎并没有改善人类的健康状况——不过对健康也没什么坏处。美国国家科学院已经确定,天然农药和合成农药同样安全,并且约有85%的毒理学家不同意有机/天然食品在化学暴露方面更安全这一说法。在对有机食品的全面审查中,研究人员发现,食用有机食品不会增加人们与农药的接触,而使用农药的人群面临的风险最大。或许比起担心食品中的农药,我们更应该担心的是暴露于农药前的农场工人们?也就是说,美国环境保护署也应该对农场工人所接触的农药剂量做出规定(甚至包括家用的农药剂量,比如杀虫剂)。

关于有机食品,每个人应该都有自己的判断。目前没有令人信服的理由去担心有机食品,但是也没有压倒性的证据能证明它们的安全性。大多数人对于哪些食品能够提供绝佳的安全和营养组合会有一个直观的感觉,希望关于农药的这一章能够让直觉更好地建立于事实的基础之上。

3　化肥争议

什么是化肥争议？

化肥对农作物产量的影响几乎是不可思议的——如此不可思议，以至于有些人把这误以为是神圣的奇迹。化肥确实有点像一种奇迹，虽然这是人类智慧的产物。我们再也不需要通过人工施肥、土地休耕，或者种植覆盖作物等方式来下至土壤中吸收磷和钾，上到大气中吸收氮。现代的化肥来源并不一定比古代的好，因为它们只能提供植物所需要的某些营养，但价格却要便宜很多。

一些研究人员认为，如果没有化肥，我们的土地只能养育现在人口的60%～70%。我们如此依赖氮肥，以至于人类肌肉和器官中几乎一半的氮元素来自化肥厂生产的氮肥。亚马孙流域曾因为太贫瘠而被认为只适于传统农耕，不适于其他任何农业生产，但是因为有了化肥，它现在已经变成了一个超级农业体。化肥的使用是一桩好事，大多数农业科学家都认同这一点，在20世纪，化肥是农作物增产最重要的原因。任何施用化肥的人都可能会被它们对农作物的影响所震惊，所以我们可以理解为什么有些危地马拉人会错误地认为农作物产量的增加源于神的馈赠。

发生在危地马拉的事情只是绿色革命——一场非政治性的关于农业的革命的延续。这场革命的英雄是诺曼·博洛格(Norman Borlaug),无数人认为他可以被选为20世纪最伟大的美国人之一。在20世纪50年代到60年代,他为发展中国家研发新的农作物品种,然后教农民们怎样使用现代化肥来种植农作物。诺曼·博洛格发起的变革使得世界每天人均食物消耗热量增加了几百卡。曾经有人预言在20世纪下半叶世界上可能爆发大饥荒,但是因为博洛格,并没有爆发大饥荒当时为数不多的饥荒也主要是由政治因素造成的。他对日益增长的人口的生存问题产生了巨大影响,并因此获得了1970年诺贝尔和平奖。

> 如果他们在发展中国家的苦难生活中熬一个月,就像我过去50年以来所经历的那样,那么他们将会哭着喊着要拖拉机、化肥和灌溉渠,并且会对富裕国家那些试图拒绝这些东西的上流社会精英感到愤怒。
>
> ——诺曼·博洛格对那些批判他支持使用现代农业技术的人的回应,引用自格雷格·伊斯特布鲁克(Gregg Easterbrook)的《平息了"人口爆炸"的人》,发表

于 2009 年 9 月 16 日的《华尔街日报》

从现代世界的观点来看，危地马拉农业的积极发展是毫不令人意外的，令人惊异的是，绿色革命延续到危地马拉竟然用了这么长的时间。

是不是化肥的功效太神奇了，以至于有些令人难以置信？有些人会这么觉得。虽然他们也不否认化肥在短时间内提高农作物产量的能力，但是他们辩称，这从长期来说可能并不是太乐

大面积喷洒化肥

Photo by Etienne Girardet on Unsplash

观。某些批判人士认为化肥会导致环境污染，并促进大型企业的成长，对于这些人来说，大型企业的存在本身就是问题。这些都是我们现在要探讨的有争议的问题。

化肥会提高土壤的肥力吗？

答案似乎显然是肯定的，否则为什么农民会使用它们？每当农民收获小麦、玉米以及其他的农作物时，这些农作物中所包含的元素——所有的氮、磷、钾、碳、水和其他矿物质几乎都是从土壤中获得的。除非在某些小的生态群落，动物和人类的粪便都返回到了土壤中，可以保持土壤的肥力，否则，在耕作过后，土壤的肥力会下降很快，所以在进行下一轮耕作前，农民需要向土壤中加入营养物。

在当今世界，大多数的农民从土壤中获取的营养物并不能完全返回到土壤中，化肥通常只含有氮、磷、钾等。农民通过周期性地施用化肥来维持土壤 pH 的平衡，然而他们并不常施用微量营养物，因为微量营养物对增产没有什么作用。植物在一年的生长中只需要很少量的微量营养物，并且土壤中早已存在着大量的微量营养物。很多大学里的试验田已经种植了数十年的农作物(有些甚至超过了一个世纪),并且当仅仅为田地提供氮、磷和钾(有时会加微量营养物钙和镁)时,农作物产量仍在持续上升。

> 如今许多农民很焦虑,因为他们没法长期施用好的农家肥料,必须更多地依赖人造产品,而且种植频率也增加了,这是否会对土壤造成伤害呢?洛桑试验站的研究结果显示:除病虫害之外,只要正确地使用人工方法,谷物产量可以无限期地保持下去。
>
> ——洛桑试验站的负责人约翰·罗素(John Russell)爵士,1943 年,引自菲利普·康福特(Philip Conford),《有机运动的起源》,爱丁堡:弗洛里斯图书公司,2001 年

在过去的 100 年里,化肥使土地的肥力增加了吗?当然,但是有一个前提。在过去的 70 余年里,我们所见证的土地增产不仅仅得益于化肥的使用,新的作物品种、机械化农耕以及杀虫剂的使用都对此有影响。事实上,有些新谷物品种是随着化肥的生产应运而生的,比如研究人员会去研发消耗大量氮、

磷和钾的新品种。

尽管化肥的影响是令人惊叹的，但实际上令人们震惊的是它们的成本，而不是对产量的直接影响。使用有机肥料，比如混合肥和粪肥，同样能使农作物的产量增加，但是有机肥料的可用性受限于动物的数量，尽管我们愿意吃在牲畜粪便灌溉的土地上生长出来的作物，我们渴望使用可堆肥产品（如用谷物来制造薯片包装袋），除此之外，运输粪肥以及堆肥过程中的高成本都制约了有机肥料的使用。工业化的化肥生产已经存在

广阔的农田
Photo by Federico Respini on Unsplash

一个多世纪了，生产技术也改进了很多。举个例子，比如现在氮肥的价格，相较1900年已经降低了约90%。

化肥是否足以保证土壤永远肥沃？

答案是不能，有几方面的原因。第一，化肥是用不可再生能源生产的，如果用可再生能源的话，化肥的经济性将无法知晓。氮来源于大气，磷和钾需要开采。事实上，农场里所使用的生产资料几乎都基于不可再生资源，包括有机农场里农民所驾驶的拖拉机，甚至许多阿米什(Amish)农民也使用汽油发动机。第二，植物所需要的不仅是氮、磷、钾。最终，土壤中的微量营养物将会被耗尽，比如硼和铜。第三，化肥的使用会改变土壤的pH，这可能会阻碍植物吸收营养。第四，有些人对于土壤肥力有着不同的看法，当某片土地缺少大量有机质时，即使这片土地产量很高，它也会被认为是不肥沃的(不过持有这种观点的农业科学家是极少数的)。

微量营养物的消耗问题从某种程度上来说是很有意思的，因为它引起了对化肥作为单一的营养物质来源可以维持多久这一问题的探讨。首先要注意的是，如果使用有机肥料，比如粪肥，会导致这些微量营养物和其他微量元素超标。反复将动物粪便施用到农田中，会导致土壤中的铜和锌超标，对植物来说是有害的。错误地施用粪肥还会导致土壤肥力下降，不过这种情况不会立即发生。通常，在合理的水平内持续施用粪肥10年甚至20年并不会导致微量元素超标。

大多数只施用化肥的农田的生产量还在持续增长，因此这些微量营养物还没有威胁到农作物的产量。一名研究人员发现，对一个特定的地区，土壤中的氮储量可以供大概20年间作物生长所需，然而其中微量营养物的储量可供数千年间作物生长所需。田地也能通过大气沉降来获取微量营养物，这就能解释为什么农民可以在数十年间收获越来越多的谷物，而不会把土壤中的微量营养物消耗完。不过，我们知道这些微量营养物终将会被更替，有的可能会比其他的更早，比如圣华金河谷(San Joaquin Valley)现在对铜元素有着迫切的需求。这些微量营养物造成的问题很少，因此我们很难发现它们随时间而减少的信息，这也使得我们很难预测大多数土壤何时需要补充除氮、磷、钾以外的养分。

有时，即使微量营养物在土壤中储量充足，也会存在一些问题。这是因为并不是所有的营养物都是植物可以利用的。

美国的北达科他州的土壤中有大量的铁，但是由于土壤的 pH 过高，大部分铁是无法利用的。解决办法不是向土壤中补充更多的铁，而是降低土壤的 pH，或者试着添加一种螯合物，这可以将铁从土壤中运输到植物的根系表面。

我们已经知道了当土壤中缺乏微量营养物时将会发生什么状况，因为某些地区已经出现了这种情况。在过去的 20 多年里，美国华盛顿的一部分种植小麦的农民发现，无论他们往田地里施用多少氮肥，农作物的产量都没有增长，这表明小麦

小麦的生长需要多种微量营养物
Photo on VisualHunt

的生长还受限于其他两种微量营养物:氯化物和硫。作为回应,化肥生产商开发了新的市场从这一需求中获利,他们给农民提供了廉价的氯化物和硫,从而恢复了土壤的高生产力。当土壤中其他的微量营养物不足时,化肥生产商和农民会以相同的方式来应对,应对锌、硼、锰、铜和铁的缺失也是这样。事实上,有些地区的微量营养物早已经存在问题,比如,在美国的俄克拉何马州,推销员就试图销售肥料补充剂,然而农学家发现它们并不能提高农作物产量。可想而知,当这些铜、铁、硼真的被需要的时候,将会有多少销售员去推销这些微量营养物。显然,关于肥料的争论关注点已不仅仅是农业生产的科学性原则,还有市场是否能够及时回应化肥的使用所带来的相关问题。考虑到这些市场早已存在,我们在这方面不必过多担心。

任何一位农学家都会告诉你,土壤是一个复杂的、有生命的生态系统,它不能仅仅通过营养物来描述。例如,为了使土壤养分能被植物所利用,土壤必须有特定的酸碱度。理想的土壤应该是"活的",它包含着大量的蠕虫、昆虫、细菌和真菌,蠕虫挖隧道帮助犁土和沥水;某些昆虫能吃掉破坏谷物的害虫;一些真菌寄居在植物的根部,并且从大气中吸收碳,将其长期储存在土壤中。有生命的土壤,会以一种我们难以证实或观察的方式来帮助植物生长。例如，一些植物疾病是由“死的”土壤引起的，这种土壤可能会让疾病泛滥成灾。农民该怎么判断到底是该归咎于疾病本身还是“死的”土壤呢？

生活在植物根部的真菌可以帮助植物进行交流，互相警告有害虫接近，帮助植物建立防御系统。在健康的土壤中，还生活着很多种微生物。美国加利福尼亚州的土壤中发现的类芽孢杆菌可以保护西红柿免受沙门菌的污染，一些细菌能帮助植物根系从土壤中获取磷。化肥——尤其是无水氨——可能会

被真菌和水滴覆盖的昆虫尸体
Photo by Thomas Bresson on Wikimedia Commons

杀死这些微生物，不过研究发现它们对于微生物群落的影响是很小的。然而，为了防止出现影响较大的情况，还需要有不放弃使用化肥前提之下的应对方法：可以通过给土壤进行机械通气来抵消缺少蠕虫的影响。还有某些公司出售真菌和其他微生物，用来投入土壤中，几十年来，很多园丁一直在购买这种微生物。

健康土壤中的有机质含量也比较高（大多数都是之前作物腐烂的残渣），这有助于防止水土流失，增加土壤保持水分的能力。农民也可以通过免耕法将有机物返还到土壤中，这样的话，土壤也不会被犁破坏。他们也使用化肥的替代品，比如牲畜粪便。在谷物间栽培豆类作物（被称为覆盖作物）不仅提高了土壤中的氮含量（豆科植物在这方面具有优势），而且豆类作物被留在田地里，作为有机质被吸收进土壤中。一位采用这些创新技术的美国农民甚至对这种有机质进行了估价：每英亩可值约 3775 美元。

最后，关于 pH 的问题，化肥（还有其他物质）的使用使得土壤酸性越来越强，一旦 pH 过低，产量将会下降。解决方法很简单：向土壤中投入一些东西来提高 pH。有机肥有时候能达到这种效果，但是最常见的解决方法，也是流传了几个世纪的方法,就是向田地中投石灰。在一些地区,比如华盛顿,本地并没有石灰资源,而且如果要进口石灰的话,运输成本太高,所以这一地区的农民只能眼睁睁地看着土壤 pH 降低却没有快速有效的解决方案。有传言称,有公司正在开发一种名为"液体石灰"的东西,或许有朝一日在经济上是可行的。如果没有的话,那农民可能只能选择施用有机肥来恢复其农田的生产力。这是一个机会,有可能一些公司会为这些农民研究出解决方法,那就是大型公司所拥有的大型工厂会采用先进的技术研发出新的产品。

现今,农民几乎完全依靠化肥保持他们的田地增产,而且一些人保持乐观的心态,认为这种状况还能持续很长一段时间。然而,有些人并不这么乐观,他们担心土壤在他们有时间调整之前就变得贫瘠了。这就是为什么他们会支持有机食品运动,这个运动要求我们现在就考虑使用土壤补充剂,因为他们认为健康的土壤必须不断进行培育,而不是到了万不得已的时候再做出调整。有机倡导者们可能不相信私营企业能在我们需要的时候快速提供廉价的土壤补充剂。如果化肥主要是由企业提供的(事实确实如此),那么怀疑论者很可能对这个私营企业能在未来拯救他们这一点上没有信心。

化肥会降低食物的营养物含量吗?

关于食物中营养物的含量,消费者了解到了一些相互矛盾的报道。美食作家迈克尔·波伦曾声称,如今新鲜农产品的营养物的含量与1950年相比降低了40%,这篇文章的写作背景是化肥等现代技术被认为是问题所在,在《科学美国人》(*Scientific American*)杂志上也有人发表过类似言论。他们说造

新鲜蔬果
Photo by Annie Spratt on Unsplash

成这令人不安的营养趋势的罪魁祸首就是土壤养分被耗尽。如果化肥不能将微量营养物返还到土壤中，那么植物所能获得的微量营养物也会减少，这听起来似乎是合乎逻辑的。

为了论证微量营养物的缺乏如何影响健康，我们以碘为例。大多数的读者不会缺碘，因为有的食盐添加了碘。然而，由于口味或者别的原因，一些人只食用粗盐或者海盐。只要他们吃的是富含碘的土壤里栽培的蔬菜，就不会造成问题，但是在某些地区，情况并不是这样的。

将现在的食物和过去的食物进行营养物的比较是存在许多挑战的，但是大多数证据显示现在的水果和蔬菜的营养并没有以前的那么丰富。然而，大家并不需要为这种减少担忧，美国农业部已经证实了，在20世纪，食物的营养成分并没有发生太大变化。此外，食物中营养成分减少，也未必是土壤品质的问题。不同的营养测量方法，不同的处理食物的方法，以及新的作物品种也存在影响，这与消费者的喜好也有关系。尽管野生苹果树上生长的苹果比现代农场种植的苹果包含更多的植物营养素，但是大多数人是吃不到野生苹果的。如果一种食物没有人吃，那么它的营养再丰富又有什么好处呢？而且，值得注意的是，在这种情况下，农民和其他栽培者也在积极努力地提高食物中的营养物含量。

化肥的使用是导致营养素密度减小的罪魁祸首吗？研究表明，这应该归咎于大多数的新作物品种。随着化肥使用量的增加，一些高产的谷物品种也随之出现，这些高产的谷物、蔬菜和水果品种都受到基因稀释效应的影响。基因稀释效应是一个描述产量与营养之间平衡的概念。这些改良的作物品种可以通过两种方式来达到更高的产量水平：一是从土壤中获取更多的养分，二是减少每单位食物中的营养物含量。因此，新的作物品种可能是当今食物营养损失的主要原因。英国洛桑试验站的试验田很好地说明了这个问题，那里的试验田种植是从1843年开始的。自1843年开始，一直到20世纪60年代，试验田所收获的小麦中微量营养物的含量始终保持稳定，但随后开始下降，让人以为土壤中的锌、铁、铜和镁正在被消耗殆尽，然而，这些土壤中微量营养物的含量一直保持稳定或者增加。这使得研究员推断是种植的小麦品种降低了小麦的营养物的含量，而不是土壤缺乏养分。

当然，食物中的营养物的含量相较于我们所能获得的总营养量来说是次要的。如果只有很少量的食物的话，那它营养再丰富又有什么好处呢？虽然食物中的营养物含量下降了，但农业生产力在提高，这表明粮食供应的人均营养总量可能在上升。事实上，似乎确实如此。图 3.1 展示了 20 世纪美国食品供应中营养物的总获取量发生了什么变化，它展示的是使用各种测量方法所还原的真实情况，比如检测食物热量、蛋白质、维生素和矿物质等。这个结果很清晰也很惊人：除了钾的摄入量略微下降以外，无论以哪种评判标准来测定，结果都显示我们所摄取的营养物随着时间的推移是一直在增加的。镁、维生素 B_{12} 和硒的增加不明显，但是综合考虑，如果土壤的肥力在下降，这并没有显现在提供给美国公民的营养物的总量上，在西欧，情况也可能如此。

如果浪费食物的模式改变的同时产生了更多的营养物，那么更高的营养利用率并不意味着更高的营养消耗量。英国的营养消耗研究发现：随着时间推移，人均微量营养物，比如镁、铁、锌和铜的摄入量都有所下降，在某些情况下甚至是无法满足一个人每日营养所需的。虽然在美国也有这种营养不足的现象，但自从 1999 年来就没有太大的改变。图 3.1 的目的不是要暗示美国不存在微量营养物不足的问题，而是要证明化肥的持续使用似乎并没有造成微量营养物的问题。

另一种判断化肥是否对食品中的营养物含量有影响的方

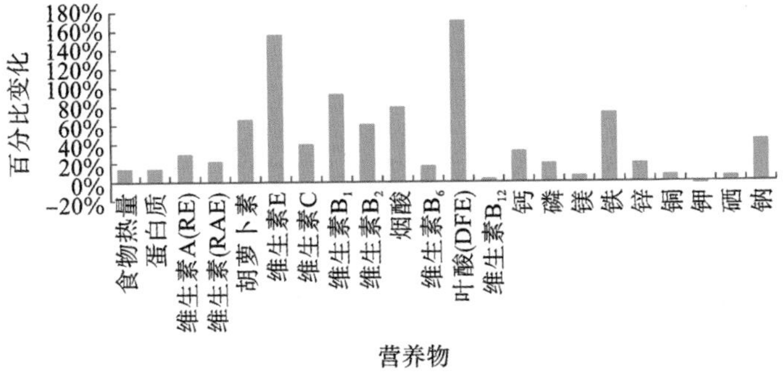

图 3.1 与 20 世纪相比，美国人均饮食所含营养物的百分比变化

注:数据统计为 1997—2006 年相较 1909—1918 年的人均每日营养供应量的百分比变化。

数据来源:美国农业部经济研究服务局营养物质(食品能源、营养物质和膳食成分)(数据集)2013 年 7 月 30 日。

法是将有机食品和非有机食品进行对比。大多数时候,非有机食品主要使用化肥来灌溉,然而有机食品必须使用其他的营养来源。许多科学家将两者进行了比较,整体结果表明有机食品的营养与传统食品相当或略有优势。英国的某些食品商店曾试图标榜有机食品的营养更丰富,但政府下令禁止这种行为,因为有机食品的营养更丰富被认为是虚假广告。这些商店无法反驳政府的指控,所以他们停止了这一广告行为。有机食品中的农药残留确实较少,我们将在农药那一章再来讨论这个问题。

化肥会造成水污染吗?

衡量某一地区的粮食产量有两种方法,一种是看粮食的实际生产总量,另一种是测量水的污染程度。美国和中国在过去的50年里粮食产量都有大幅度的提高,然而两国的整体水质都有所下降。在美国,超过64%的湖泊水质受损,不能用于钓鱼或游泳,水质受损的河流和河口的比例分别约为44%和30%。甚至被天主教认为是圣水的奥地利泉水也被过量的氮污染了,足以致病。水体被破坏大部分是由现代农业所造成的,我们现在所面临的挑战就是要在恢复这些水体的质量的同时保证充足的食物供应。

并不是所有施用到田地里的肥料都会被植物消耗完,有些肥料会以进入地表径流或者渗入地下岩层的形式离开农田。尽管过量的肥料不能养活庄稼,但它能养活另一些生物。它可以给田地边的植物施肥,也可以给田地下面山坡上的树木或者河里的细菌和藻类施肥。当地表水中的肥料达到一定的数量时,这可能会导致水体中细菌和藻类种群的爆发,由于种群扩大,它们会消耗更多的水中氧气,最终导致水体富营养化,水中的氧气太少，水生生物将无法存活，水变得浑浊，在使用前要经过昂贵的预处理。在美国墨西哥湾，存在着一个约3100平方英里[①]的“死亡区域”，所以这个问题不容小觑。

要修复水质，我们首先要了解水体富营养化的原因，因为这不仅仅是化肥造成的。在切萨皮克湾和伊利诺伊河，牲畜粪便是造成水体污染的主要原因。在其他地区，草坪的肥料造成的危害最大，洗涤剂中的磷是美国五大湖的主要污染物之一，这就是为什么现在大多数洗涤剂会强调它们“不含磷”。

我们要施用各种各样的肥料而又要保证其不会流失是很难的，施用的肥料中大约有一半的氮没有被农作物所消耗，这就意味着它们滋养了别的植物或者进入了水体。当农学家针对氮肥施用量给出建议时，他们通常建议的用量是农作物需求的两倍。对于磷来说，则有大约30%是没有被农作物所消耗的。

显然，农民可以牺牲少量的产量来减少肥料的施用量，尤其是在一些发展中国家。农民过量施用肥料有很多原因，在印度，这是由于政府会提供肥料补贴；而在日本，在一定程度上是

① 1平方英里≈2.59平方千米。——译者注

因为日本大多数的农民都是兼职的，因此他们可能没有时间来完善其管理技术。

一个显而易见的解决方案就是取消现有的肥料补贴，或者甚至征收肥料税，但是这对于一些存在粮食安全问题的贫穷国家来说是十分困难的。征收肥料税在一些相对富裕的国家更具有可行性。在2013年，美国加利福尼亚州水资源管理委员会(California Water Resources Control Board)建议设置肥料使用费，来帮助抵消治理氮过剩造成的水体污染的费用。1992

美国切萨皮克湾大桥
Photo by Nyx Ning on Wikimedia Commons

年，瑞典的肥料税收减少了15%～20%，如果面对税收，农民确实还是需要施用大量肥料，那么相对而言，产量的损失已经是最小的了。在农民和环保人士的支持下，伊利诺伊州开始征收肥料税，并不是为了阻止肥料的使用，而是为了资助有关化肥对环境的影响以及减少肥料流失的研究。

现代精细农业新技术可以检测到田地中施肥率的变化，或许有助于从过程中减少过度施肥。在农作物和田地的边缘可以设置一个“过滤带”——用一片不施肥的多年生草地来防止肥料径流流失。研究表明，过滤带可以阻止一半以上的化肥流失，并减少土壤侵蚀。然而，这种做法的成本是比较高的，因为这样减少了农作物的种植面积，并且过滤带也需要维护，所以有时候类似美国农业部等机构或者个别州（比如艾奥瓦州）会给农民一些补贴，明尼苏达州有一条禁令要求距离河流50英尺[①]的距离内不能种植农作物，以确保农作物和地表水之间有营养缓冲带。通过一系列的活动（有些活动有补助，有些活动的费用则是由农民自己承担），美国农田中的氮和磷的径流流失已经分别降低了约21%和52%。

---

① 1英尺≈0.30米。——译者注

在有些地区，牲畜粪便是最大的问题，不过这可以通过制定更合理的粪肥管理条例来解决。一个农民在决定每英亩土地施用多少粪肥之前，要先确定粪肥的含氮量以及农作物需要多少氮。然而，因为条例允许其忽略掉磷的含量，所以结果就是导致了磷的流失。现在美国的新法规要求农民将肥料中氮和磷的含量与作物的需求相匹配。更进一步，农民可以直接将粪肥注入土壤中，而不是喷淋，这样的话可以减少营养物总的径流流失。有一些新的粪肥管理条例可能是适得其反的，所以在起草时必须十分谨慎。比如，美国新出台的有关磷的条例可

地球与太阳系其他行星土壤的假设演化
Photo by Gregory Retallack on Wikimedia Commons

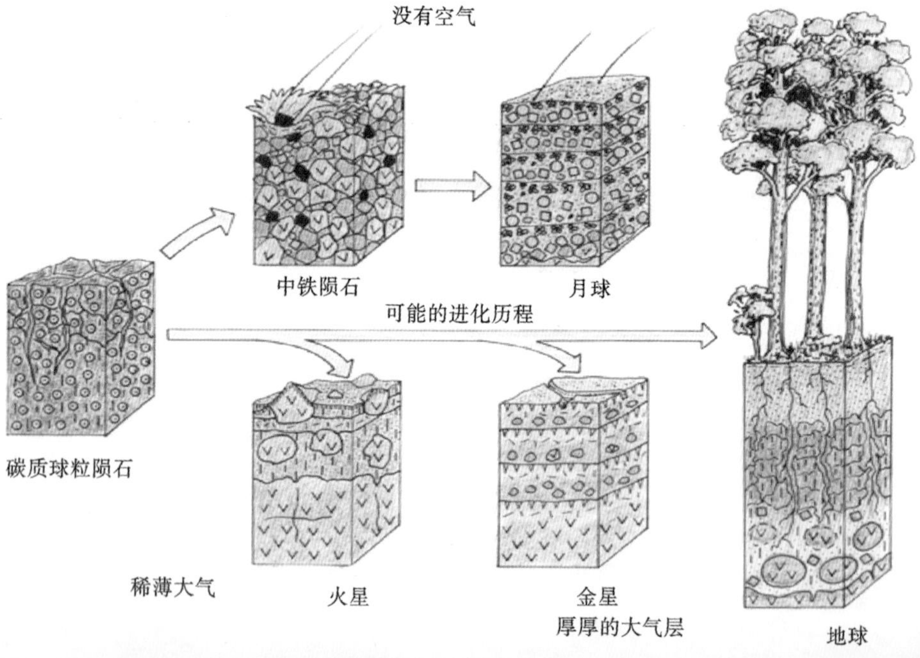

能会减少磷的径流流失，但以增加氮的径流流失为代价。

我们能否通过转向有机生产来减少化肥径流流失呢？从密歇根州的实验结果来看，答案是肯定的。他们发现相较于化肥种植体系，有机种植体系的氮径流流失更少，甚至减少化肥的使用量得到的也是同样的结果。不过有的人可能会质疑，有机种植的农作物产量比较低，即使在这样的情况下，对于每单位收成量来说，有机种植体系的氮径流流失也比化肥种植体系要少。不过这并不意味着有机种植体系的污染就更小，因为在这些实验中，有机种植区施用的氮并不是来自牲畜的粪肥，而是来自固氮豆科植物。同时，在试验中使用免耕的方式可以减少氮的径流流失，但是又有另外的研究发现免耕方式实际上会增加磷的径流流失（在一定程度上是因为磷是分散在土壤表面的，没有进入土壤里面）。所以我们得到的经验是，农民采取一定的措施，可以减少水质污染，但并没有一个好的方法适用于任何地区的任何一个农民。无论是选择有机还是非有机，耕作还是免耕，都应该取决于有机粪肥的来源，以及在该地区氮和磷的径流流失是否是一个严重的问题。

只要是使用化肥和牲畜粪便的地区都存在一些水污染问题，有时它们是很难被察觉的，而有时又会造成水体富营养化。

好消息是，科学家能够较容易地检测出水质的问题，并且已经研究出了缓解这些问题的解决方案。问题是可以解决的，但是解决问题的动力并不总是足够强大的。

例如，一方面，切萨皮克湾是一个相对较小的地区，其肥料径流流失问题是由当地原因所引起的，市民似乎做好了准备并且愿意通过各种条例来恢复水质。他们愿意承担这些费用，因为他们也能从中受益。另一方面，在墨西哥湾，人们似乎对于“死亡区域”持一种宿命论的态度，这个区域，在一定程度上是

如何管理牲畜粪便是个大问题
Photo on VisualHunt

由密西西比河流域内的农场造成的，包括路易斯安那州、内布拉斯加州、艾奥瓦州、俄亥俄州，甚至蒙大拿州，这仅仅是一部分“贡献者”。在蒙大拿州种植小麦的农民和在艾奥瓦州养猪的农民合作减少流入墨西哥湾的营养物的意愿有多大呢？由于这些原因，只有小型水源地比较有可能在当地社区的影响下解决化肥的问题。然而在墨西哥湾等地区，除了制定严格的联邦法规，几乎很难提出有前景的解决方法，并且解决方法几乎没有支持者。毫无疑问，征收高额的肥料税将会有效减少肥料径流流失，但这样做就会使得食品价格上涨，这样的政策并不会受到市民的拥护，因此也不受政治家的欢迎。

4 有关碳足迹的争论

什么是有关碳足迹的争论?

几乎所有的人类都在以某种形式消耗肉类、奶制品和蛋制品。近年来,环境保护运动一直在大力宣扬减少个人碳足迹的必要性。在不改变饮食结构的前提下,我们能减少碳足迹吗?大量的争议都围绕着这个问题展开,有一个政治上偏左的极端观点是这样说的:

> 当谈论到对环境的不利影响时,毫不夸张地说,没有任何危害能比得上吃肉。饲养动物作为食物的行业所导致的全球变暖的程度要比汽车和飞机带来的影响总和还多40%。所以,如果你真的关心这个星球的话,在悍马里吃一份沙拉要比在丰田普锐斯里吃一个牛肉汉堡好得多。
>
> ——美国家庭影院电视网的脱口秀节目《彪马实时秀》(*Real Time with Bill Maher*)的主持人比尔·马厄(Bill Maher)于2009年在《赫芬顿邮报》(*Huffington Post*)上如此写道

在过去十多年里，从某些方面来说，这些观点是合理的。毕竟，我们每生产1磅零售牛肉，需要花费3.38磅玉米（还有很多其他投入），生产肉类似乎比生产谷物要低效，这也导致了碳足迹的增加。这些观念已经如此普遍，有些学校为了保护环境而鼓励开展"无肉星期一"活动。"无肉星期一"活动已经被挪威军队采纳了。此外，有科学研究表明严格的素食主义者（素食者）的饮食确实能减少碳足迹。

> 当我们谈论像全球变暖这种大问题时……我们似乎很容易感到无助，好像并不能通过做什么而带来改变……但是我们每天所做的小改变都能产生巨大的影响。这也是为什么"无肉星期一"这个决议很重要。我们一起努力，让我们自身的健康、身边的动物、身处的环境和我们的星球都变得更好。
>
> ——洛杉矶议员埃德·雷耶斯（Ed Reyes），2012年"无肉星期一议案"的执笔者之一

然而，有同样著名的研究表明，素食饮食会导致更多的碳足迹。怎么会这样呢？一个原因是我们对碳足迹的计算是错

误的,或者更确切地说,对它的解释是不正确的。畜牧业是一个巨大的碳排放源——这个观点源于联合国的一份报告,该报告称畜牧业贡献了全球18%的碳排放量,超过了交通运输业,这就给了比尔·马厄一个理由,认为应该指责的是汉堡而不是悍马。

然而事实证明,18%是错误的估值,或者至少不能代表美国的情况(这个统计结果可能对整个世界来说是有效的)。例如,联合国并没有计算交通运输部门投入过程中所涉及的碳排

碳足迹与饮食结构有关
Photo by Brooke Lark on Unsplash

放量，但是计算了畜牧业的碳排放量。这就好比说制造轮胎不产生碳排放，而生产玉米会产生碳排放。同时，18%的结论也存在很多有争议的假设，特别是有关土地利用率怎样随着畜牧业产量的上升而变化的问题。最后，这项研究是针对世界范围内的碳排放而言的，然而有些人，比如马厄，把这解释成了在美国范围内的碳排放。纠正了这些错误后，对于美国来说，畜牧业仅占了美国碳排放量的3%，而交通运输业占了26%。整个农业仅仅影响美国6%～8%的碳排放量(注意，这些数字仅仅涉及人类活动所导致的碳排放量，而不是自然发生的碳排放量)。

食物从农场到餐桌的过程中经常发生变化，这也会产生碳排放。食品成本中，只有约20%反映了农业活动，另外约80%反映了劳动力成本、能源成本、机械成本以及食品加工和零售过程中的其他活动成本。食品在农场中可能只产生少量碳排放，但是在加工过程中会产生大量碳排放，所以如果某种素食经过了大量加工的话，碳排放就不会减少。我们还必须考虑食物的数量，以及人们想要吃的程度。虽然生产1磅零售牛肉需要3.38磅玉米，但是1磅牛肉要比1磅玉米包含更多的热量，而且牛肉和玉米提供的是非常不同的饮食体验。为了确定饮食和碳足迹之间的关系，最好调查研究那些严格的素食主义者、素食者和杂食者所实际食用的食品。因为这些研究不一致，所以存在许多争议。

争论的关键已经超越了蔬菜和肉类饮食的问题，而是试图去发现最能让人们满意，同时碳排放量又最小的食品类型。这一章将会比较有机食品和非有机食品、牛肉和鸡肉、草饲牛肉和玉米饲牛肉，以及碳排放量和食品价格之间的联系。

考虑到全球变暖否定者和一些危言耸听的说辞，读者们可能想知道为什么我们还没有提到“全球变暖”这个争议本身。因为我们不是气候学家，所以我们很少谈论农业活动如何影响未来的温度。然而，我们仍然认定以下两种陈述是事实：一是二氧化碳、甲烷这类气体是能够保温的温室气体。金星比水星距太阳更远，但是金星的表面温度比水星的高很多，这仅仅是因为金星的大气中有温室气体，而水星的大气中则没有。二是因为地壳活动，地壳中一些温室气体会喷射到大气层中，在接下来的 100 年内，化石燃料的使用可能会对气候产生显著影响。我们无法断言概率是多少，只知道它是大于零的，这一章主要关注食物怎样影响温室气体的排放，而不是这些排放出来的气体如何影响气候。

在这一章，当我们真正关心所有的温室气体时，我们会提到“碳”，而“碳”指的是二氧化碳当量，表示为 CO_2e。1 吨甲烷导致的温室效应是 1 吨二氧化碳的 21 倍，所以如果排放 1 吨甲烷，我们表述为 21 吨的“碳”排放(20 吨的 CO_2e)来替代。重复一下，当我们说 1 吨碳时，我们指的是 1 吨 CO_2e。

农业是如何导致温室气体排放的呢？

在 20 世纪 20 年代，俄罗斯的小说家叶夫根尼・扎米亚京(Yevgeny Zamyatin)创作了一本反乌托邦科幻小说《我们》(*We*)，他设想食物是直接从石油中产生的。他的想象是有预见性的。植物可以从太阳光中获得它们所需要的能量，然而农民需要从化石燃料中获得能量，很显然，拖拉机的燃料来自石油，氮肥也是如此。其他的肥料，例如磷肥、钾肥需要采矿，是运用以石油为动力的机械深入土地挖掘的。农药需要化石燃料，还有灌溉设备、挤奶机等也需要化石燃料。即使有机农场的农民使用粪便作为肥料，他们仍然依赖化石燃料，燃料不仅仅是为机械提供动力。他们通常需要来自非有机农场的牲畜的粪肥，而这些牲畜所吃的饲料和谷物被施用使用化石燃料生产的化学物质。

由于大多数释放到大气中的碳来自化石燃料，因此，我们可以通过减少石油、煤炭和天然气的使用来减少食品的碳排放量。因为这些燃料价格昂贵，所以农民和食品制造商一直致力于节能，主要通过提高生产率来实现这一目的。随着科技不断发展，能源成本不断降低，食品的碳排放量也都呈现出下降的趋势。

碳排放不仅仅是能量消耗。牛肉比猪肉或鸡肉的碳排放量更多的原因是牛是反刍动物，反刍动物大概每隔一分钟就会打一次嗝，每次打嗝都会排出碳。种植小麦的农民如果犁地的话会比用免耕种植方法排放出更多的碳，因为犁地使得土壤变碎并且将其中的碳释放到了大气中。

食品的碳排放量甚至取决于消费者的行为。如果你开车到杂货店和农贸市场需要更多汽油，就会产生更多的碳排放量。食品和碳之间的关系不仅仅取决于食品是如何产生的，还取决于食品是如何被购买的。

有机食品的碳排放量相对较低吗?

视情况而定。碳排放量受农场使用的氮肥类型的影响。有机倡导者很快指出,他们不提倡使用化学氮肥,从而避免了碳排放的一大来源。很多有机农场以牲畜的粪便为肥料,然而,这些牲畜大部分是用施过化肥的草料来喂养的。如果这是常态,那么有机农场的农民也依赖化肥,不过他们使用化肥的

牛肉
Photo by Jez Timms on Unsplash

效率非常低，也可能会导致有机食品的碳排放量增加。粪肥和堆肥是有机肥料的两个重要来源，它们在储存过程中都会排放碳，而且排放速率相当大。

有机肥有一个优点，就是它能将碳固定在土壤中。使用粪肥、堆肥或者覆盖作物施肥，不仅能增加三种关键的营养元素氮、磷、钾，同时也能增加土壤中的含碳量。这种肥料不仅仅用于有机生产，还被许多农场施用于传统作物。尽管如此，大多数的传统农场不使用有机肥，而所有的有机农场都使用有机肥。如果一块有机质含量低的、被多次耕种过的农田转向有机生产，大气中的碳就会被吸收并储存在土壤中，从而减小有机食品的碳排放量。然而，由于土壤封存碳的速度不确定，碳排放量的测量具有相当大的不确定性。

尽管有机生产者可能会有不同的观点，但是有机农业的生产率确实比较低(这将在另一章中详细讨论)。根据定义，有机农场的农民比从事传统农业耕种的农民的选择要更少。其实，如果有机农业使用的方法真的更有成效，就没有什么能阻止传统农业的农民使用有机农业方法，但传统农业的农民选择其他技术的事实表明有机农业方法的生产率确实较低。

更高的生产率意味着用更少的投入获得任何给定的单位产出，更少的投入通常也意味着更小的单位碳排放量。然而，“投入”并不是一件简单的事情，如果一个农民将自己投入的物质都换成高碳排放量的，那么即使他投入的钱更少，也不意味着这些投入所产生的碳排放量会下降。由于这样或那样的原因，有机食品的碳排放量是否更小这个问题是一个客观问题，需要用数据来回答。

数据并不会对有机食品或者传统食品更有利。有时有机

传统农田
Photo by Paul Hamilton on Wikimedia Commons

食品的碳排放量更小，有时则不然。一项研究比较了分别用有机方法和传统方法生产的 12 种作物（蓝莓、两种苹果、两种酿酒葡萄、提子、草莓、苜蓿干草、杏仁、核桃、花椰菜和生菜）后发现，假设土地已经用相同的方式耕种了很多年，那么用传统方法生产的农作物的碳排放量更低。然而，如果有机农场比较新，并且它的土壤在过去曾被多次犁过的话，那么土壤或许能够固定足够的有机碳，从而使此处的有机农产品的碳排放量较低。

对猪的研究也出现了类似的结果。当土壤固定的碳被忽略时，传统的生猪养殖产生的碳排放量似乎更低，但是，当考虑到土壤固定的碳时，有机猪肉生产系统所释放的碳也说不准会更多或是更少。后文有专门的部分来讨论牛肉，它将表明，除非牧场中固定的碳远多于现在测量的，有机牛肉才有可能导致更高的碳排放量。

没有足够的证据能表明在全世界范围内有机农业比传统农业对环境的影响要更小。尤其是，从我们已经确定的数据来看，有机农业在某些食品的生产上存在着自身的环境问题，比如向水中排放过多的营养物或者带来气候变化负担，目前也没有明确的答案能回答哪种"电车"对环境的影响更小——有机的或者传统的?

——C. 福斯特(C. Foster)、K. 格林(K. Green)等,《食品生产和消耗过程对环境的影响:向环境、食品与农村事务处的报告》,曼彻斯特:曼彻斯特商学院,伦敦:环境、食品与农村事务处,2006 年

法国的一项研究在对比 15 种不同的食品之后发现,其中

养猪场
Photo by Amber Kipp on Unsplash

只有5种有机食品的碳排放量更低。这似乎说明将传统牛奶生产方法换成有机生产方法并不能显著加大或减小碳排放量。在我们比较英国的肉制品时，用有机方法生产羊肉、猪肉的碳排放量更低，但用有机方法生产牛肉和鸡肉时的碳排放量却更高。

评估有机食品和非有机食品的碳排放量的过程中，最令人沮丧的是人们对来源有明显的偏见。比如，一个环境工作团队公布了一组数据，展示了生产各种各样食品的过程中的碳排放量，这些食品包括水果、蔬菜、肉、奶、蛋等。通过这些数据，他们得出了鸡肉的碳排放量最小的结论，不过他们给鸡肉加了很多限制，比如饲养过程要是有机的、需要在草场上饲养、不能使用抗生素等。这个结论暗示了有机鸡肉的碳排放量比非有机鸡肉更低，但他们引用的报告中根本没有研究有机食品，当然也没有将有机食品与非有机食品进行对比。很明显，这个团队是从一个（从我们看来）权威的研究中获得了这些数据，然后把自己的观点强加进这些数据里面，让结果看起来像是权威研究认为有机食品更环保一样。

农业方面的结论也同样会误导读者。农业企业报纸《饲料》(*Feedstuffs*)刊登了大量的文章，表达了有机食品的碳排放量更大的观点，但是现在的研究结果与他们的结论是相悖的。

通常情况下,这些团体自己心中先有了结论,再寻找能支持他们结论的数据,而不是通过数据来下结论。这种思考方法导致结论与论据往往不统一,无法解决实际问题。

杂食者和素食者的食物产生的碳排放量该如何比较呢?

为了回答这个问题,已经有人开展了两项对严格素食主义者、素食者和杂食者的实际饮食习惯的研究调查。一项研究在英国进行,另一项在法国进行,但这两项研究得出了相互矛盾的结论。英国的研究团队得出的结论是素食主义者和严格素食主义者吃的食品的碳排放量更低。法国的研究团队得出的结论是,以每单位卡路里的热量来计算,果蔬和动物类食品的碳排放量接近,反刍动物(比如牛、羊,它们的碳排放量要高一些)的肉除外。因此只要牛肉仍然是杂食者的主食之一,那么动物类食品的碳排放量就会比素食的碳排放量更高。需要注意的是,尽管在重量相同的情况下,牛肉的碳排放量更高,但人们往往需要进食更多的果蔬才能摄入足够的热量,因此法国研究团队认为素食整体来说并没有降低碳排放量。

假设英国研究团队的结论是正确的,素食的碳排放量确实更低。根据该团队的研究结果,素食也更便宜,那么如果这些素食主义者把省下来的钱花在其他高碳排放量的活动(比如坐飞机出行)中了呢?这些活动可能会抵消素食饮食所达成的任何减排成果。我们不是想说素食者的饮食对地球不好,只是我们需要考虑一个人总的碳足迹,而不仅仅是食物相关的碳排放量。

一个人的饮食产生的影响甚至还与这个人的居住地点有关。如果一个人住在一片肥沃的土地旁边,这里的土地能生产大量的水果和蔬菜,那么这个人吃素食就可能会减少碳足迹。另一方面,如果人们居住的地点适合发展畜牧业,那么他们选择杂食就是减少碳足迹最好的行为。为什么呢?因为高效的食品生产要求充分利用土地的优势,比如南加利福尼亚州最适合种植西红柿,而蒙大拿州则适合饲养肉牛。

如何比较牛肉、猪肉、鸡蛋和家禽肉类的碳排放量?

相比牛而言,猪和家禽能更高效地将饲料转化为肉,它们的繁殖速度也更快。牛的生长和繁殖速度都比较慢,而且因为它们是反刍动物,它们打嗝会导致更高的碳排放量。因此生产同样重量的牛肉，其碳排放量约是猪肉和火鸡的3倍、鸡肉的4倍、鸡蛋的6倍（按每磅计算），具体数字可能有细微差别，但人们普遍认为生产牛肉的过程中产生的碳排放量最高，接下来依次是猪肉、鸡肉、鸡蛋。

我们应该给牛吃草还是玉米？

读者们也许在某些超市和农贸市场见过标有“草饲”标签

放养的奶牛正在吃草

Photo by Leon Ephraïm on Unsplash

的牛肉。这个标签是经过美国农业部认证的,用以证明养殖户在肉牛的生长过程中只喂牧草(青草和干草),并且在生长季节合适的时候为肉牛提供牧场。这个标签可能会误导消费者,因为即使没有这个标签,肉牛大部分时间也在牧场中。其中的差别在于肉牛被屠宰前的4到6个月,到这个时间点,大多数肉牛会被放在饲养圈中,被喂的食物主要是大量谷物(通常是玉米和大豆)。"草饲"的肉牛不用经历这个过程,而是只要牧场有草,肉牛就被养在草场中。因此,将一种牛肉称作"玉米加工牛肉"以及"草料加工牛肉"比较合适,不过这并不是什么专业术语。

消费者自然想知道是喂草还是喂玉米的牛肉的碳排放量更低,但答案不是这么简单。纪录片《碳之国》(*Carbon Nation*)认为减少温室气体排放最有效的方式之一是鼓励永久牧场放牧。这部纪录片的导演和制作人彼得·拜克(Peter Byck)坚持认为,我们一直在牧场中饲养肉牛可以实现降低碳排放的目标。

植被在其根部真菌的帮助下,可以将空气中的温室气体吸收并储存在土壤中,但现代耕种方式往往会破坏土壤并杀死真菌,继而将温室气体释放到大气中。该纪录片认为,如果把原来种植用作牛饲料的玉米的农田全部改为牧场，可以减少约39%的碳排放量。该纪录片中说道："是的，这是全新的科学技术，而且目前得出的早期数据令人鼓舞。"

该纪录片的观众和采访过彼得·拜克的人可能很快就会相信并认为只用牧场来饲养肉牛，他们就可以在不放弃牛肉的情况下为减少碳排放量做贡献。如果这些观众把频道从《碳之国》换到脱口秀节目《施托塞尔》(*Stossel*)，他们可能会看到动物科学家祖德·卡珀(Jude Capper)持有相反的观点。

> (用牧草饲养牛)效率太低了……这些动物需要23个月才能长到合适的体重，而用玉米饲养的肉牛只需15个月。这会多消耗8个月的水、食物和土地等。我们拿草饲牛和玉米饲养的肉牛进行对比，每一只草饲牛都会比后者多大约一辆车的碳排放量，这是碳排放量的巨大增长。
>
> ——祖德·卡珀，《为什么草饲牛对环境更不友好》，来自约翰·施托塞尔(John Stossel)的采访。

祖德·卡珀和她的同事们已经在同行评审的学术期刊上

发表了多篇文章，论证草饲牛、有机生产方式，以及大多数“天然”的牛肉生产过程比传统的生产方式产生的碳排放量更高。饲养场生产牛肉比草料饲养系统更有效率。通过更少的投入得到同样重量的牛肉，可以减少化石燃料的使用，从而降低碳排放量。此外，草饲牛需要的生长时间更长，在这一段多出来的生长时间内，肉牛会持续不断地排放甲烷。卡珀的文章中提到，要生产相同重量的牛肉，传统的牛肉生产方法只需要草饲牛消耗饲料的56%、消耗水资源的25%、使用土地量的55%以及消耗化石燃料的71%。卡珀说道，因为草饲牛的效率更低，所以会比传统养牛方法多排放68%的温室气体。

那么彼得·拜克和祖德·卡珀谁是正确的呢？拜克还是卡珀？这取决于饲养草饲牛的额外牧场封存温室气体的速度。尽管封存数量对环境条件十分敏感且难以测量，但大多数测量结果仍显示卡珀是正确的，即草饲牛实际上会加大碳排放量。

拜克的结论正确的前提条件是土壤封存温室气体的能力符合他的乐观假设。植被确实可以封存温室气体，我们将使用大型农用机械耕种过的土地改造成牧场也确实可以减少温室气体浓度，《碳之国》在这两点上是正确的。但一旦牧场改造完成、土壤封存温室气体的能力达到饱和状态，那么用玉米饲养肉牛就会变成碳排放量更少的方式了。这意味着,草饲牛的优势要么是不太可能存在的,要么是转瞬即逝的。

因此目前看来,用玉米饲养肉牛对温室效应的影响似乎更小,但关于这方面的科学研究正处于早期阶段。测量碳排放量需要做出很多难以验证的假设,有时候假设条件的细微变化会导致测量结果出现巨大差距。这导致目前不同的测量碳排放量的方法会得出不同的结论。这个领域还有很多的工作要做,包括重复以及拓展卡珀的工作流程。

牛类养殖

Photo by Stijn te Strake on Unsplash

如何从我吃的食物着手来减少碳足迹？

在19世纪的芝加哥，肉类加工业是一个非常残忍和肮脏的行业。那时的生产商可以向河流中排放废弃物而不被指责。古斯塔夫斯·斯威夫特(Gustavus Swift)在芝加哥创办了一家大型肉类加工厂，将牲畜屠宰之后用火车运送到新英格兰地区。斯威夫特不关心本地的河流是否被污染，不过他圆滑的商业技巧倒是为减少河流污染做出了显著贡献。

斯威夫特并不是通过卖牛肉赚钱。他的利润主要来自牛肉生产中的副产品，比如将脂肪制成肥皂，将牛皮制成皮革，将肠子制成网球拍的线，将毛发制成毛绒垫等。被丢弃的动物尸体少部分从污水管道流入了泡泡河(Bubbly Creek)，然后流进芝加哥河(Chicago River)。对斯威夫特来说，任何流进芝加哥河的毛皮、内脏、脂肪都是利润的损失，所以他会到河里去检查他的工厂扔了哪些东西到河里。河里出现的任何油脂都说明他的工厂运作效率不够高，然后他会想办法改进。斯威夫特讨厌污染，并不是因为他热爱环境，而是因为他热爱金钱。通过追求自己的利益，他减少了排放到河流里的废弃物的数量。

为什么要讲这个故事呢？因为现实生活中的人们通常没

有意识到提高生产效率是为了减少污染。有人说，通往地狱的路，有可能是由善意铺成的。那么通往天堂的路也有可能是建立在自我利益之上的。任何一家比竞争对手生产效率更高的企业都会减少产品的碳排放量。大多数人认为有机食品对环境很友好，因为有机食品的支持者鼓吹自己的出发点是保护环境。有时候确实是这样，但有时候非有机食品的碳排放量更低，因为它们的生产效率更高。就像斯威夫特这样的传统生产商，他们会检查每一个生产环节的浪费情况，改进之后消耗的能量更少。更少的能量消耗进而带来更低的碳排放量。当肉牛养殖户给小牛注射生长激素时，他们的目的并不是减少碳排放量，但这样做却具有这个效果。

如果读者们真的关心环境，那么他们应该关注实际的碳排放量，而不是通过卖方所陈述的意图来判断。重要的是结果，如果一个行业的目的并不是保护环境，但结果证明他们的做法保护了环境，那么他们就对社会有帮助。

通常说来，产品的生产成本越高，它的碳排放量就越大。虽然并不总是这样，但增加产品或服务的生产成本往往需要消耗更多的能量，而大多数时候这些能量都是由化石燃料提供的，化石燃料本身就会产生碳排放量。这意味着如果一个人想出售价格更高的产品，那么他可能会造成更大的碳排放量。想想各种肉类的碳排放量，牛肉的碳排放量就大于鸡肉的，而显然牛肉的价格比鸡肉的更高。日常生活中，你不用去搜集每种食品的碳排放量——食品的价格已经透露了大量信息。

我们想一想这个例子。若生产一杯咖啡会产生23克CO_2e，然后往咖啡中添加牛奶，这些牛奶如果产自排放温室气体的奶牛，而奶牛要食用使用化石燃料制成的肥料生产的玉米，并且生产的牛奶必须用卡车运输，且放在冰箱里冷藏，那么现在这杯牛奶咖啡则会产生55～74克CO_2e。卡布奇诺咖啡

养鸡场

Photo by Luke Syres on Unsplash

甚至有更多的要求，比如牛奶必须是蒸熟的，这导致这杯咖啡会产生约 236 克 CO_2e。每一个步骤，随着产品价值和价格的增加，就需要更多的投入，其碳排放量也增加了。

降低自己的碳排放量的方法之一是购买价格更低的食品。比如相比买一杯卡布奇诺咖啡，我们可以选择购买一杯普通咖啡。购买普通咖啡相对比较省钱，不过你要确保省下来的钱不会花在增加碳排放量的活动上。其他食品也是同样的道理。素食主义者可能会开始吃一些昂贵的素食餐厅，那里的食物具有很高的碳排放量，相较于成为素食主义者，你可以选择购买一些简单又便宜的食品。比如不购买草饲牛肉，你可以选择购买一些常见的、不那么贵的肉类。

通过食品的价格来判断其碳排放量并不意味着我们不用关注食品本身的碳排放情况，我们也不能忽视食品的营养成分、热量和其他一些影响环境的因素。我们想强调的是，除了关注所有与食品相关的环保、健康的声明外，你也可以通过食品的价格获得其相关碳排放量的信息。

你可以把这些准则延伸到你购买的每一件商品上，而不仅仅限于食品，这样做的目的不仅仅是降低碳排放量，而且是通过放弃你最不看重的商品来达到这个目的。牛肉的碳排放量比鸡肉的更大，但对很多人来说牛肉是最好吃的肉类，他们为了降低自己的碳排放量，更愿意放弃一些其他东西。有证据显示，在每英亩土地上，使用化学农药和定期修剪来保持草坪的整洁美丽会比将草坪用来种植玉米增加更多的碳排放量。读者如果既想降低碳排放量又想保持以前的饮食习惯不变，那么就可以选择少购买化学农药；如果无法降低化学农药的购买量，而又想降低碳排放量的话，则可以适当减少牛肉的食用量。

5 有关转基因的争论

什么是有关转基因[①]的争论?

当你进入一家商店去购买几磅马肉,但是由于某种原因,你担心店主实际上卖给你的不是马肉,而是其他肉类,于是你去找商店经理,问他是否可以保证"马肉"真的来自一匹马。他笑着说:"马是我自己养的,我可以保证马肉都是从马身上来的!"你觉得他在嘲笑你,虽然你因为太尴尬了而不敢与他争论,但是你仍然心存怀疑,于是买了肉之后,你把肉送到了实验室进行检测。

检测结果出来的时候,你发现经理说的是实话,但同时也欺骗了你。这肉来自骡子,而不是马。骡子是公驴和母马杂交的后代。那么到底是骡肉和马肉差别较大,店家在做虚假宣传呢,还是骡肉和马肉差别极小,所以店家的行为可以接受呢?这很大程度上并非取决于实验室的检测结果,而是取决于顾客

---

① "genetically modified organism(GMO)",即"遗传修饰生物体",其早期说法为"transgenic organism",即"转基因生物"。目前,后者概念已被前者所涵盖,但因为"转基因"一词已经普遍为人们接受,而且外源基因导入仍然是目前分子生物技术在作物育种领域中所采用的主要方法之一,"转基因生物"一词沿用至今。基于此,本书继续沿用"转基因"一词,不过是在"遗传修饰生物体"的意义上加以使用。——译者注

是否认为马和骡子是同一种动物。同样地,人们对转基因生物的态度取决于人们是否认为转基因植物(或动物)是同一个物种的一个变体,或是另一种非常不同的物种。

骡子和马的故事对于转基因争论是一个形象的比喻吗?从科学的角度来说,这是一个糟糕的比喻。毕竟,转基因玉米或大豆的种子与非转基因玉米或大豆的种子的区别在于一个基因或者几个基因,而马和骡子的差别却很大,它们甚至没有相同数量的染色体。肉眼区分马和骡子是很容易的,但很难用

很难用肉眼区分传统的大豆和转基因大豆
Photo by Kien Cuong Bui on Unsplash

肉眼区分传统的大豆和转基因大豆。

这个比喻对于那些害怕和反对转基因食品的人来说是有效的。就像马可以生出骡子，这看起来相当“怪异”，转基因食品被称为“科学怪食”。有一种转基因玉米可以自己产生一种杀虫剂来消灭根虫，因此在网络上有一些搞怪的视频将一个科学怪人的脸贴到这种玉米上，这使一些人相信转基因食品真的是自然界里面的怪物。

那么社会大众对转基因食品有多么焦虑呢？美国民意调查显示，约93%的参加调查的民众支持强制给转基因食品标上标签。当然，这个调查可能高估了人们真正的担忧程度，因为美国直接进行这样的调查似乎暗示了转基因食品确实存在问题。也就是说，询问问题的方式也会改变一个人的信任感。试想一下，如果有人打电话问你，你是否认为你现在喝的水是安全的，你是不是也会不自觉地怀疑一下这水有可能不安全？如果水没有问题的话，为什么会有人特意打电话来调查呢？但同时，即使考虑到了这样的影响，93%也是一个相当高的比例了。

俄克拉何马州立大学的杰森・勒斯克(Jayson Lusk)进行了一项与之前不同类型的调查，共调查了1004名美国人，询问他们是否可以设想有一天会失去对食品系统的信任。如果他们的回答是肯定的，就接着问什么原因会导致他们失去对食品系统的信任。这是一个开放式的问题，调查的问题不会主动把受访者向转基因食品的方向引导。调查结果显示，约有40％的受访者(413人)实际上已经对食品系统失去了信任，其中转基因食品被提及了24次。通过这个调查我们可以发现美国仅有约3％的受访者真正担忧转基因食品。

这两个调查告诉我们，尽管极少有人会因为转基因食品而对食品系统失去信心，但人们仍然想知道他们的食物中是否含有转基因成分。所以说，人们不会因为生物技术而对食品失去信心，但如果转基因食品能被标注出来，人们会对食品系统更加有信心。

在开始深入讨论转基因生物争论之前，我们应该先描述一下什么是转基因生物。在这本书中，转基因生物通常是指“外源转基因作物”，指的是将非植物有机体(通常是细菌)通过基因重组或基因剪接技术植入植物中，以期望新的植物能够显示某些理想的特性，比如新植物能够自己产生杀虫剂或者对某种除草剂有抗性。当然，并不是所有的转基因作物都是通过这种方式产生的，比如“同源转基因作物”就不是将不同类别生物体的基因植入植物的DNA，而是将同一物种或者相同物种的基因植入。转基因作物也可以通过移除或者禁止某种基因的表达来形成。大多数的争议都是与转基因植物相关的，尽管我们仍然把它们称为转基因生物，因为这是食品活动家经常使用的术语。

把基因从一种生物转移到另一种生物已经不是什么新鲜事了。人类基因中就至少有8%的基因是从病毒里面移植过来的，但人类不是转基因生物，因为这不是由人类科学家直接干预而成的。当然，人类直接干预改变基因也不是什么新鲜事了。我们有意通过选择性育种不断地改变植物的DNA。基因突变是进化过程中很自然的过程，有时候基因突变会产生更好的作物。不过自然基因突变的速度是相当缓慢的，因此有时候人们会将植物置于辐射环境中，以此提高基因突变的概率。(科学家们非常好奇为什么这种形式的基因变异极少受到食品活动家的关注，而转基因作物却备受关注。)

人们可以选择想要的基因并移植到另一种生物体内，从而创造出新的生物品种，但基因修饰技术与这种方法不同，基因修饰技术的速度和准确度更高。有人认为基因修饰技术是为不断膨胀的人口提供足够食物的最大希望。也有人认为，由于企业在监管方面的影响，这项技术被滥用了。这一分歧就是转基因生物的争论所在。

这场争论很重要，因为转基因作物已经在美国占主导地位，并正在向全世界发展。如图 5.1 所示，三种主要作物基本都是基因改良品种。对于那些支持转基因的人来说，这是农业领域取得的一项了不起的成就；而对于那些吃肉但是害怕转基因食品的人来说，这是令人担忧的，因为在美国，几乎所有的牲畜都会吃玉米或大豆。

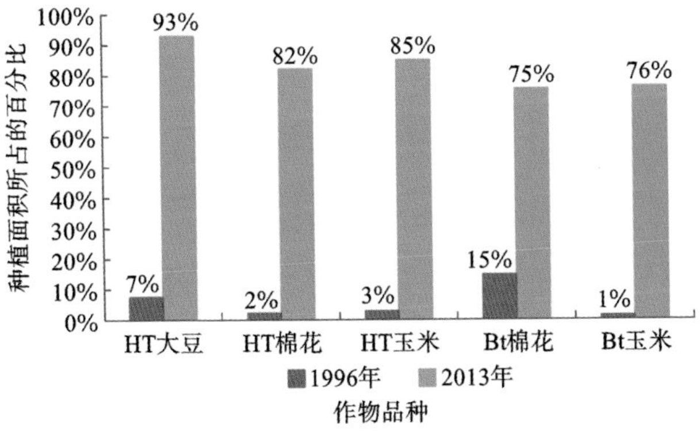

图 5.1 美国转基因作物的采用率

注：HT 代表“抗除草剂”，这意味着转基因作物对一种或者多种除草剂具有抗性，Bt 代表一种转基因作物经过改良可以自己产生杀虫剂。

资料来源：美国农业部经济研究服务局，《通用电气应用的最新趋势》。

如何监管转基因技术?

通常说来,当食品制作过程中加入了某些"外来的"东西,比如加入食品添加剂时,除非这种添加剂已被美国食品药品管理局认证是安全的,否则这种添加剂会像杀虫剂一样受到监管,特别是如果这种添加剂是在实验室里面合成的。在这种添加剂被用来增亮色彩、保存食物或用作其他用途之前,它必须

棉花种植
Photo by Trisha Downing on Unsplash

经过一系列严格的测试以确保其安全性。

有些人认为，从一种生物体内取得基因然后移植给另一种生物，就类似于加入了一种“外来”物质，转基因食品应该经过相关的严格测试。但是这类想法在实际监管中是行不通的，因为所有生物体的 DNA 都是由相同的物质组成的。对于许多人来说，基因修饰的风险更大，因此人们对待基因修饰所得种子的态度，与对待通过选择性育种或辐射诱导突变产生的种子不同。其实美国已经针对转基因食品建立起了一套复杂的监管系统，美国农业部负责确保转基因种子能安全生长，美国食品药品管理局负责确保转基因食品可以安全食用，美国食品药品管理局还负责确保转基因作物生长过程中不会对环境造成伤害。接下来要讲的是，以美国食品药品管理局为代表的监管体系是如何保障食品安全的。

关于美国食品药品管理局如何保障食品安全的问题，人们很容易产生误解。美国法律明文规定，确保食品安全是企业的责任，企业还需要决定是否需要向美国食品药品管理局咨询检测新型转基因食品的健康风险。在某些批评者看来，这个监督管理体系看起来完全没有对转基因食品形成监管，但这其实误解了企业和美国食品药品管理局之间的制约关系。有时候，所谓的“建议”和“命令”几乎没有区别,特别是当“建议”是由一个强大的政府机构提出的时候,在这个例子中,美国食品药品管理局已经明确表示,在企业生产任何转基因作物之前,它希望得到来自企业的咨询。

> 美国食品药品管理局认为,在商业化销售之前,企业将新品种作物,以及食用新品种作物长大的动物品种告知我方,这符合受管制行业和监管机构的最佳利益。
>
> ——美国食品药品管理局,《食品药品管理局1992年政策声明下的咨询程序:从新品种植物中提取的食品》,1997年

美国食品药品管理局不会假定转基因作物是安全的,也不否认它可能是安全的。因此,生产转基因作物的企业将在整个产品开发过程中与美国食品药品管理局进行沟通,以便企业能够回答美国食品药品管理局提出的任何问题——美国食品药品管理局将会问很多问题。生产企业想要的是得到美国食品药品管理局的确认,通常是以信件的形式表明美国食品药品管

理局对新品种的安全性没有进一步的疑问。这封信被生产企业称作“来自美国食品药品管理局的祝福”，尽管美国食品药品管理局肯定不会使用这样的词。如果没有这封信件的话，生产企业将很容易受到美国食品药品管理局的起诉，并且可能面对代价巨大的产品召回。此外，生产安全的产品也符合企业的利益诉求。生产企业不是通过让消费者生病（至少从短期来看不是）来赢利的，因此生产企业希望与美国食品药品管理局合作以确保产品的安全性。而且，生产企业的员工同普通消费者一样有道德感，他们也希望和美国食品药品管理局合作，因为这样做才是正确的。

因此，最好将转基因作物的“批准”过程描述为产品开发过程中进行的一系列咨询和协商。这个过程的主要目的是确认转基因作物是否可以替代它的非转基因对应物，以及确认转基因作物是否存在过敏原风险。“实质性等同”并不意味着它是安全的，只是意味着它与非转基因食品一样安全。这里有三个标准被用来验证转基因食品与其对应的非转基因食品是否在本质上是一致的。对农作物来说，第一个衡量标准是其外观以及长势是否同非转基因作物类似，它成熟与开花的时间和抗病性能是否同非转基因作物大体一致。这些都是美国食品药品管理局有可能要求生产企业提供的数据。第二个衡量标准是作物的化学成分与其非转基因对应物是否一致。比如,对于转基因油菜籽品种来说,美国食品药品管理局可能会要求提供油菜籽的甘油三酯和脂肪酸的成分数据。第三个衡量标准涉及整个转基因作物(甚至包括不食用的部分)的营养素、抗营养素、有毒物和过敏原等信息。由于转基因食品种类繁多,所以并没有一个统一的评估其安全性的标准体系。美国食品药品管理局具体问题具体分析,虽然向生产企业索要的数据类型基

油菜花
Photo by Mindrocllie-Marian on Unsplash

本类似，但在后续检验过程中还会向各种生产企业询问不同的问题。所有的这些检验过程都需要从生产企业收集大量转基因作物的数据。

如果美国食品药品管理局对某种转基因作物的安全性仍有所担忧，那么它可能会对该作物的使用范围进行限制，或者要求进行动物实验，甚至反对该作物的生产。在美国，生产和消费的每一种转基因作物都经过了美国食品药品管理局的咨询过程（还有美国农业部和美国环境保护署的类似的询问）。因此，在美国，转基因作物的监管实际上是广泛的、昂贵的、全面的，在我们看来，这也是行之有效的。

实质性等同的概念是转基因作物监管的基础。那么美国食品药品管理局为什么会采用实质性等同原则呢？转基因技术的支持者会说这是因为美国国家科学院支持这个观点。美国国家科学院认为，改变植物基因的方法并不重要，因此将细菌的基因导入油菜籽的做法和添加食品添加剂不同，而更类似于选择性育种。因此，只要转基因油菜籽的 DNA 和普通油菜籽的 DNA 基本相同，就没必要进行额外的监管或者检测。所以，如果你问美国国家科学院“转基因烟草是不是另一个种类的烟草”，他们应该会给出肯定的回答。

利用经典方法或分子技术对植物和微生物进行基因修饰或进行基因转移,这在概念上没有区别。当通过基因修饰或者选择性育种得到一个新品种的时候,首先需要关注的是新品种对生态环境的影响,而不是获得这个新品种的方式。

——美国国家科学院,美国国家科学研究委员会,引进转基因技术科学评估委员会,《转基因生物实地试验:决策框架》,1989 年

他们背后有一些高素质的科学家和一群积极的食品活动家在反对转基因技术。他们认为转基因作物不能在本质上等同于传统的农作物。甚至,他们认为美国食品药品管理局提出"实质性等同"的概念并不是因为其科学性,而是因为他们受到了企业的影响。本书的作者们并不相信上述的这些"阴谋论",但确实有些品格高尚的聪明人相信这些说法,他们的观点值得倾听。

在《孟山都眼中的世界》(*The World According to Monsanto*)一书中,作者玛丽-莫妮克·罗宾(Marie-Monique

Robin)讲述了“实质性等同”原则被提出的过程。一名律师曾在转基因作物生产公司孟山都任职，随后他到美国食品药品管理局工作，并在1992年带领美国食品药品管理局提出了“实质性等同”原则，在这之后，这位律师回到孟山都公司担任副总裁。这个故事告诉我们，转基因作物管理制度在制定过程中受到了强烈的外界干扰，而干扰方，一方面是进行转基因作物生产的孟山都公司，另一方面是曾经或即将到转基因作物生产企业工作的人（请注意，有些人认为孟山都公司希望通过更多的监管措施将竞争对手拒之门外，但在这个故事中并非如此）。不难想象，孟山都公司给了这位律师一个很高的职位作为报酬；也不难想象，在当时，食品活动家会在网站上列出大量利益交换的证据。如果这听起来像阴谋论，那么它确实就是。

2001年，在美国公共广播公司推出的特别节目《收获恐惧》(*Harvest of Fear*)中，绿色和平组织的一位代表宣称，美国食品药品管理局的科学家们曾建议强制给转基因食品贴标签，但这一建议被美国食品药品管理局的领导层驳回了。同样的争议在2013年的系列片《施托塞尔》中再次出现，片中提出转基因支持者宣称科学家们认为转基因食品没有问题，而反对者认为这只是管理层的政治阴谋。一方用科学性支撑自己的观点，另一方则认为这是政治阴谋，也难怪关于转基因生物的争论会存在几十年这么久了。

勒斯克：其实一切都与基因相关。事实上，传统的选择性育种涉及成千上万个基因，我们甚至不知道选择性育种会产生什么作物。而现代的生物技术只是选择一两个基因，这其实要比传统的选择性育种精确很多。

施托塞尔：所以，转基因技术其实要比选择性育种更安全吗？杰弗里（史密斯），是这样吗？

史密斯：美国食品药品管理局的科学家们在一份诉讼备忘录上曾这样明确表示过。他们曾说过基因工程与选择性育种是不同的，基因工程会带来新的或者不同的风险，比如新的过敏原、有毒物质或者新型疾病。这些科学家曾反复敦促他们的上级对转基因作物进行更多的研究，但美国食品药品管理局的行政主管是迈克尔·泰勒（Michael Taylor）——他在孟山都公司当过律师，后来又成为公司的副总裁，现在他回到了美国食品药品管理局，成了美国食品安全的

“独裁者”。

施托塞尔：那么说，孟山都公司已经控制了美国食品药品管理局这个数千人的机构吗？美国食品药品管理局也只是在做生意？

史密斯：孟山都公司不仅控制了美国食品药品管理局，就我所去过的36个国家而言，他们在许多国家都做着同样的事情。

施托塞尔：……你（史密斯）刚刚说的并没有让我怀疑美国食品药品管理局，而是让我觉得你说的话不太真实（因为史密斯的阴谋论牵涉的范围太广了）。

勒斯克：你们看看涉及这个学科的主要的大型科学机构，美国国家科学院、美国药品协会（American Medical Association）、欧盟委员会（European Commission）、世界卫生组织（World Health Organization）、联合国粮食及农业组织（Food and Agriculture Organization of the United Nations）等，这些机构都是独立的，拥有自己独立的科学家团队，他们全都证实转基因食品是安全的。

——主持人，约翰·施托塞尔（来自福克斯经济新闻频道）；访谈嘉宾，杰森·勒斯克（俄克拉何马州立大学农业经济学家）；杰弗里·史密斯（来自责任技术协会），2013 年 6 月 6 日

经典的阴谋论往往有一个反派，这个反派手握至关重要的信息却不公之于众。在转基因问题上，因为开展实验来论证转基因食品是否安全是转基因食品生产公司的责任，所以人们总会担心这些公司是否会隐瞒某些危险的秘密。此外，转基因作物生产公司还掌握着转基因食品的功能、性状等信息，这使得他们有可能只公布有利于转基因作物的信息，而对不利的信息避而不谈。无论玛丽-莫妮克·罗宾的书还是纪录片《公民意识站起来》都提到，孟山都公司蓄意隐瞒了他们的 rBST（重组牛生长激素）的不利信息。因此反转基因人士认为，如果这是真的，那么孟山都公司还隐瞒了哪些其他信息呢？

此前，孟山都公司曾说过，“没有发现 rBST 会带来副作用的证据，我们不使用抗生素”，很显然，他们撒谎了。

——塞缪尔·爱泼斯坦(Samuel Epstein):在《公民意识站起来》中接受采访;皮特·麦克格雷恩(Pete McGrain):《媒体行动》的导演、编剧,2011年

有的人可能会把上面引用的话当作转基因阴谋论的明确证据,但事实可能并非如此。如果 rBST 能完成它最初的设计目标,用以提高家畜的产奶量,那么更高的产奶量通常会导致家畜更容易患乳腺炎,而治疗乳腺炎就需要使用抗生素。转基因监管机构和生产企业可能都认为,爱泼斯坦提到的抗生素不是 rBST 的副作用,因此,监管机构就没有隐瞒任何担忧。

这并没有阻止反转基因人士将孟山都公司与几十年前烟草公司穷凶极恶的活动联系起来。在美国加利福尼亚州第37号提案通过之前,一个支持强制给转基因食品贴标签的商业广告播出了,这个广告首先提到,以前科学家也曾支持吸烟有助于身体健康这个观点,烟草公司也曾蓄意隐瞒关于吸烟危害的信息,并且制造了一种假象——没有确切证据来证明吸烟有害。

科学家以前犯了个错误,那次的错误使人们对转基因作物背后的科学支持有所怀疑。科学家曾赞成将羊的尸体加工之

后用作牛的饲料，如今这一做法与疯牛病的暴发有关。在烟草的案例中，有很多科学信息被蓄意隐瞒了，但在疯牛病的案例中，并没有信息被隐瞒。当疯牛病与羊的尸体加工联系起来之后，公众很快就被告知了原因，而且羊的尸体加工也立即宣告停止。疯牛病事件中虽然没有蓄意隐瞒信息，但这件事表明科学家确实会犯错误。现在人们担心的就是科学家在转基因食品上犯了类似的错误。

大部分有关转基因的讨论都是与美国相关的，而欧盟对转基因食品的接受程度远低于美国。这种差异似乎要归因于欧洲消费者更加警惕，也许是因为在欧洲和英国曾经出现过食品安全问题(尤其是疯牛病)，这降低了人们对监管机构的信任。

> 如果 20 世纪 80 年代英国没有出现过疯牛病，欧洲民众对转基因作物可能会有完全不同的态度。尽管英国健康管理机构一再保证英国的牛肉是安全的，1996 年的牛肉仍然被认为与克-雅脑病(Creutzfeldt-Jakob disease)的一种变体有关……欧洲其他国家出现疯牛病则进一步降低了欧洲民众对政府的信任——这份信任在 20 世纪 80 年代的一系列食品安

全丑闻中就已经很不牢靠了。

——卡伦·E. 格赖夫(Karen E. Greif)和乔恩·F. 梅茨(Jon F. Merz):《当前生物科学的争议:新技术带来的政策挑战的案例研究》,马萨诸塞州,剑桥:麻省理工学院出版社,2007年

美国大部分的玉米、棉花、大豆和甜菜是转基因品种。转基因作物究竟是同一种作物的不同品种还是"科学怪食"呢?这取决于人们对美国国家科学院等科学机构的信任程度,以及人们认为企业控制和监管到什么程度比较合适。本书的作者们作为农业科学家,对美国国家科学院有着深深的敬意,并且十分信任美国的监管机构,因此,我们是支持转基因作物的。

越来越多的食物过敏案例是由转基因食品造成的吗?

作为孩子母亲的罗宾·奥布赖恩(Robyn O'Brien)在非营利组织 TEDx 奥斯汀(TEDx-Austin)进行演讲时,讲了一个故事:她的一个孩子在一次寻常的早餐中对华夫饼、酸奶和鸡蛋产生了严重的过敏反应,在这之后她被告知这些食物是最容

易造成过敏的。这让奥布赖恩想起了自己的童年，当时似乎还很少见食物过敏这种现象。进行了调查之后，她发现最近几十年间食物过敏的案例呈爆炸式增长，从1997年到2002年，因为食物过敏而入院治疗的人数涨幅达到265%。转基因食品需要对此负责吗？显然，奥布赖恩认为是需要的。

在一个企业的新品种的转基因种子上市之前，政府条例（采取之前提到的协商过程）要求该企业必须证明该转基因食品不会增加食物过敏的概率。这个程序是科学、完善的，我们认为这也是十分有效的。目前已知的食物过敏原通常是蛋白质，大部分蛋白质来自花生、牛奶、鸡蛋、大豆、坚果、鱼类、甲壳类动物和小麦等。评估转基因食品是否会引起过敏，是通过将转基因食品中新产生的蛋白质与已知的约500种过敏原进行比对。如果转基因食品存在引起过敏的可能性，那么就需要进行进一步的测试以验证其安全性。如果比对之后没发现引起过敏的可能性，那么这种转基因食品（在引起过敏这方面）就被认为与非转基因食品具有同样的安全性。

为了进行说明，我们设想一种转基因大豆含有家禽所需要的某种特殊蛋白质（2S白蛋白），这种蛋白质不存在于非转基因的家畜饲料中。科学家们在巴西坚果中发现了能产生这种蛋白质的基因，于是将这种基因导入大豆的 DNA 中，创造了一种更有营养的家禽饲料。这里的问题在于，众所周知，巴西坚果会引起某些人的过敏反应。于是生产该转基因大豆的企业与科学家们进行合作，用皮试的方式来检测人们是否会对这类转基因大豆过敏。有些人确实对其过敏，所以这类转基因大豆的生产被叫停了，并且所有生产原料都被销毁了。

另一个例子是一种名为“斯达林克”(StarLink)的转基因玉米也没有通过过敏原测试，这表示监管机构担心斯达林克直

巴西坚果
Photo on VisualHunt

接被人类食用会造成过敏反应。因此,斯达林克被判定为只能作为动物饲料。斯达林克在供人类食用的玉米中被发现之后很快就被送去检测——虽然斯达林克的扩散面积还很小,没有造成问题,也没有发现过敏记录。这个案例表明,限制转基因作物知易行难。

目前的例子说明,对于限制转基因食品带来的过敏反应,现有的法规能提供足够的保证。这虽然不能保证以后不会出现过敏反应,但我们没有理由怀疑转基因食品会比非转基因食品带来更大的过敏反应。坦白地说,加州大学洛杉矶分校的食物和药物过敏护理中心(UCLA Food and Drug Allergy Care Center)甚至没有将转基因食品作为食物过敏原之一。相反,该研究中心将食物过敏概率增加归结于其他原因:生存环境卫生条件的改善(我们生存的环境中细菌越少,我们的免疫系统越敏感);推迟儿童第一次食用某种食物的时间;加工食品的增加[奥布赖恩制作华夫饼是像以前那样用手捏吗?还是直接用的易格(Eggo)冷冻华夫饼呢?];人们搜集和报道新闻的能力增强了。当《纽约时报》刊登六位食物过敏专家的评论时,没有一个人认为转基因食品是罪魁祸首。美国有线电视新闻网(CNN)的一篇题为《为什么食物过敏呈上升趋势?》的文章中也没有提及转基因食品。

目前看来,几乎没有证据表明转基因食品是造成儿童食物过敏现象增多的原因。也许奥布赖恩走在了时代前列,有朝一日,或许科学家们会证明她是正确的,但目前而言,她的推测是毫无依据的。实际上,如果食物过敏真的成为一个很大的问题,生物技术反倒可以创造新的植物品种以减少食物过敏现象。

食用转基因食品是安全的吗?

2004 年,美国国家科学院就转基因食品安全性的课题发表了一篇报告,在报告中解释道,任何基因修饰行为都可能会对健康造成意想不到的影响,但目前尚未发现任何基因工程带来的食品安全问题,预计未来也不会出现。大多数其他的卫生和科学机构都同意这样的观点,这些机构包括:

美国科学促进会(American Association for the Advancement of Science)

美国医学会(American Medical Association)

澳新食品标准局(Food Standards Australia and New

Zealand)

法国国家科学院(French Academy of Science)

英国皇家医学会(Royal Society of Medicine)

欧盟委员会

德国科学和人文学院联合会(Union of German Academies of Sciences and Humanities)

其他国家科学院(巴西、中国、印度、墨西哥等)、世界科学院、英国皇家学会和美国国家科学院

世界卫生组织

就像之前提到的那样，当我们咨询权威的科学机构时，这些科学机构通常会证明转基因食品是安全的，不过也有少数科学家持不同观点。地球开源组织在2012年出版了一本书，认为转基因食品不安全，并且列举了许多动物喂养实验案例作为证据。这本书里面包含了令人震惊的语句："食用转基因大豆的老鼠表现出肝、胰以及睾丸功能紊乱……用转基因玉米喂养的老龄和幼龄老鼠，其免疫系统细胞的生化活性均有明显的紊乱……食用Bt转基因玉米的母羊，在三代之后，其消化系统功能紊乱。"这些都是在真实实验中观察到的真实结果，那么为什么美国国家科学院认为转基因食品是安全的呢？

在研究动物健康与其食物来源的关系时,动物健康不仅与食物有关,还受其他大量因素的影响。即使是最科学的实验也会受随机因素的影响。比如说,对于两组处于几乎完全相同环境中的老鼠而言,可能其中一组就是要比另一组健康——而你却观察不出明显的原因,处于同样实验环境中的老鼠不太可能在同一时间死掉。同样地,即使是控制最严格的实验,也需要通过统计学的方法来说明哪些伤害是由食物造成的,哪些伤害是由随机因素造成的。研究者有自己的观点,研究者对实验结果做出的判断可能会受到自己对转基因食品的观点的影响,这是无可厚非的。有时,表面上对转基因生物的意识形态偏见实际上可能是某些更深奥、更普遍且完全可以理解的事物的结果。

同样地,有的研究暗示科学家支持转基因食品是因为受到了贿赂,这也是不合理的。曾有一个研究团队研究了94篇关于转基因食品对健康的影响的文章,该团队发现与转基因生物公司有业务关联的科学家更易得出支持转基因食品的结论(尽管资金来源似乎并不重要)。这就表示科学家与转基因生物公司的业务关联影响科学研究了吗?会不会是科学研究的结果带来了这种业务关联呢?我们试想,研究人员如果从实验数据中发现转基因食品可能是安全的，那么他就有可能与转基因生物公司建立业务往来，然后这名研究人员在后续的研究中很可能会做出“转基因食品是安全的”这样的判断。对于这种情况，我们不能说研究人员收了贿赂。本书的作者们相信肯定有一部分研究人员是受到了转基因生物公司的影响（毕竟科学家也是人），但批评者们显然高估了这部分研究人员的数量。

笔者在写这一章的时候意识到，关于转基因食品的争论已经变得十分尖锐而很难进行真诚的讨论。如果一名研究人员

转基因番茄和转基因马铃薯在市场上很常见
Photo by Llinh Pham on Unsplash

对转基因技术发表了积极的评价，他就可能会被指责受到了相关企业的贿赂；而如果研究人员质疑转基因作物的安全性，那么他可能会被其他科学家嘲笑。奇怪的是，如果对双方的观点都加以考虑，甚至可能会引来双方的愤怒。但不管怎样，必须要认真考虑双方的观点，才可能真正理解这场争论，而认真考虑双方的观点也是本章试图实现的。

转基因技术会造成大型企业垄断吗？

有时，我们很难分清楚转基因反对者是更不喜欢转基因技术本身还是生产转基因食品的大型企业。有时，当人们抗议转基因技术的时候，他们其实是在抗议那些大型企业的市场力量。某家企业研发出新的转基因作物品种之后可获得专利，这会造成该企业在该作物品种上形成一定时间的垄断。专利不是现代社会才出现的，而是一个古老的用来奖励人们创造力的可靠系统。在古希腊的殖民地，厨师们每发明一种新菜式，就可以享有该菜式为期一年的专利权；现在如果转基因企业获得了一项转基因作物的专利，那么它可以持续享有长达20年的专利权。

> 不，我对生物技术的顾虑是这项技术已成为大型企业的牟利工具，将转基因技术作为专利授予少数大型跨国集团，会使这些大企业控制全球的粮食生产。
>
> ——安德鲁·冈瑟(Andrew Gunther)，《转基因农作物的惊悚恐怖程度超越007系列电影和〈谍影重重〉》，载《赫芬顿邮报》，2013年5月15日

> 声称转基因技术是为了农业的进步显然是骗人的。转基因技术的真正目的是赋予大型企业垄断全球粮食供应的合法权利。
>
> ——科林·图哲(Colin Tudge)，《转基因食品的真实目的在于大型企业对农业的控制》，载《经济学家》，2013年11月1日

当然，这并不意味着大型企业会垄断所有的农作物。我们还是有很多非转基因作物可以选择的，但大多数农民不愿种植非转基因作物——他们自愿购买转基因作物的种子。这意味着转基因生物企业通过研发优秀的产品赢得了市场份额。在

美国，大多数玉米、棉花、大豆和甜菜都是转基因品种，原因很简单，农民们更愿意种植转基因品种。转基因作物正在向全球推广，由于获许销售转基因作物的企业并不多，因此四大转基因生物企业的合计市场份额由1994年的约25％提升到了2009年的约50％。

有时人们这么说，经济学家认为当某一领域的前四大企业的合计市场份额占40％或超过40％的时候，该市场就会慢慢形成垄断，但这种说法只针对所有企业都生产同一种产品的市场（即使是这样，也有很多经济学家不赞同将40％作为分界线）。就像谷歌和雅虎的搜索引擎不一样，转基因作物种子与非转基因作物种子也不一样。如今，转基因种子公司在价格上的竞争远不如它们在科技创新上的竞争那般激烈。鉴于不断涌现出的新品种种子，人们可以看到种子市场实际上竞争相当激烈。

当然，这并不意味着我们不需要担心转基因市场的垄断。如今全球最大的五家种子企业分别是孟山都公司、先正达集团、杜邦公司、陶氏化学公司和拜尔集团。但这五家企业并不是相互独立运作的。孟山都公司拥有最多的转基因种子专利权，但其他四家企业在某些优势性状种子的专利权方面也具有优势。通常,为了尽可能研发出高质量的转基因种子,孟山都公司会和其他企业之一达成协议,以结合两家企业的优势来进行研发。比如,孟山都公司可能拥有一项转基因大豆专利,但陶氏化学公司可能拥有几项可以让大豆特别适合在美国东南部成长的专利技术。通过结合这些特性,两家企业可以培育出适合在美国南卡罗来纳州种植的大豆种子,从而实现技术互补,这被称为“交换许可协议”。这类合作需要两家企业紧密配合,这使得两家企业看起来像一家垄断企业。孟山都公司的一位负责人曾在1996年说过,整个粮食产业链都在被整合,而不仅仅是种子产业。如果交换许可协议的目的真的是为了创造更好的转基因作物,那么这对消费者和企业来说也许是好事。

转基因技术使我们失去生物多样性了吗?

有人认为这种大型企业在转基因作物种子领域的“霸权”会减少植物品种的多样性,从而威胁到我们的粮食供应。造成爱尔兰马铃薯饥荒(1845—1850年)的一部分原因,就在于爱尔兰境内只种植了一种块茎品种的马铃薯。由于遗传多样性非常小,几乎所有的马铃薯都被同一种病原体所破坏。为了培育出能抵抗这种病原体的马铃薯，需要回到马铃薯的起源地（南美洲），那里种植着数千种马铃薯。1970年，一种玉米叶枯病席卷美国，使美国玉米产量锐减约20%。大多数美国农民种植的杂交玉米品种是由同一品种的雌株玉米所衍生的，这种杂交所产生的品种极易感染这种叶枯病。农作物育种专家迅速意识到，如果想要他们的种子品种继续受欢迎，则需要更大的遗传多样性。绝大多数香蕉品种来自一种目前正遭受四种热带真菌攻击的香蕉。香蕉的这个例子十分有趣，因为香蕉只

香蕉
Photo by Lotte Lohr on Unsplash

能通过无性繁殖产生后代,因此香蕉的基因十分统一。这告诉我们:当作物缺乏遗传多样性时,食物供应链就很可能遭受打击。

> 我对转基因作物的主要顾虑与其说是关于转基因技术的健康和安全性的考虑,不如说是关于转基因技术的政治经济问题,关于转基因技术会如何影响美国农业,如何影响粮食领域的商业竞争,以及如何影响农作物的栽培规模和可持续性问题。
>
> ——迈克尔·波伦,《尖锐时评:迈克尔·波伦和埃米·哈蒙(Amy Harmon)剖析转基因作物》

如果某种农作物疾病威胁到了粮食供应,那么所种植的农作物的种类和多样性就需要改变了。将最常见的农作物品种与不那么常见的品种进行杂交,以获得更多的遗传多样性是一种谨慎的方法。但不那么常见的品种有可能会不复存在,因为农民已经好些年没有种植过那类农作物,这时候唯一的方法就是通过基因修饰、辐射诱导突变等方式来迅速恢复物种多样性。有些忧心忡忡的机构会将各种所能获取的农作物种子储存在冷冻的地库中(例如在挪威),这是一项可能拯救数百万生命的保险政策。

农作物的多样性在减少吗?《国家地理》杂志刊登过一篇文章,文章讲到1903年到1983年间,农作物品种减少了约66种,即约93%的农作物品种。然而,同一时期,另一项研究显示在那期间有的农作物品种增加了,而有的农作物品种减少了,但总体来说农作物品种数量几乎没有变化——这表明我们的农作物多样性并没有降低。至于哪一项研究更准确,现在还没有定论。

我们假设未来的农作物多样性会消失,再假设这种变化大部分是由转基因技术造成的,那么这会威胁到人类的粮食供应吗?不一定。假如有一天爆发了严重的叶锈病(一种真菌疾病),这将使小麦大面积枯萎,那么有一种应对方法是将现有的小麦品种与古老的小麦品种进行杂交,希望在产生的杂交品种里面,有一些品种能抵抗叶锈病。或者还有一种方法,种子企业的科学家可以研发出一种能抵抗叶锈病的小麦品种,目前香蕉行业就是通过这种方法来应对热带真菌疾病(话说回来,他们也是别无选择)。还记得前文提到的20世纪70年代袭击美国的叶枯病吗?在大学研究机构的帮助下,种子企业很快将更大的遗传多样性融入他们的育种计划，仅仅一年时间，这个问题就得到了解决。

有人可能会说为了保护粮食供应不受毁灭性疾病的影响，应该采用最先进的基因科学，就是通过大企业进行基因改造，这种做法目前是有争议的。但我们可以想象，如果世界禁止了转基因技术，同时农作物多样性也十分丰富，但一次叶锈病就能感染大多数的农作物品种。如果这个时候，有一家种子企业宣称他们可以在三年之内培育出能抵抗叶锈病的转基因小麦，

金黄的小麦
Photo by Melissa Askew on Unsplash

在这种情况下，转基因技术是救星吗？可能是的。

不要被农作物品种的多样性欺骗，真正核心的是基因多样性。我们谈论抗除草剂大豆时，谈论的其实是抗除草剂基因。如果孟山都公司研究出一种抗除草剂大豆，它不会直接将其同时卖给明尼苏达州和得克萨斯州的农民。相反，孟山都公司会将抗除草剂大豆与适合对应地区生长条件的大豆进行杂交，从而得到适合在不同地区种植的抗除草剂大豆。很多其他优良品种无论是转基因的还是非转基因的，都是这样做的。西非水稻发展协会寻找优良水稻品种时，将高产的亚洲水稻和抗旱性良好、能抵抗杂草的非洲水稻进行了杂交。这种农作物多样性是典型的选择性育种造成的，当讨论农作物种子多样性的时候不应该忽略这一点。

最后要说的是，农作物的基因多样性不能通过五大种子企业占领的市场份额来衡量。19 世纪爱尔兰爆发马铃薯饥荒的时候，大型种子企业的市场份额几乎为 0——因为农民们的种子不是从某家种子企业购买的，而是从自己上一年收获的马铃薯里面保存下来的。尽管如此，爱尔兰各地的农民们仍然种植的是类似的马铃薯。相反，如果当时爱尔兰有一家大型的转基因公司，这家大公司可能会为了抢占市场份额而出售一些更好的马铃薯品种，这说不定反而可以避免这场饥荒。

应该强制转基因食品贴上标签吗？

美国允许转基因食品不贴标签出售，不过如果消费者很在意这一点的话，有的公司还是会自愿贴上标签。全食超市已经宣布在2018年以后，出售的食品都会标注是否为转基因食品。在欧洲，欧盟自1997年就做出了这项规定。在欧盟境内出售的所有转基因食品都需要标注(除了用转基因饲料喂养的家禽家畜的肉、奶、蛋等产品，以及少数其他种类)。欧盟对转基因食品的管控远不止这些，欧盟对转基因作物的种植也做出了严格的限制，同时建议其成员国如果愿意，可以在国内禁止种植转基因食品。一些欧盟成员国，如法国和罗马尼亚，不允许种植转基因玉米。

为什么美国和欧盟对待转基因作物的态度如此不同呢？有一种解释是欧洲生产商想通过强制贴标签这一规定对农作物设置贸易壁垒，从而保护欧洲本土的企业。几乎没有证据显示这种不明确的贸易壁垒对欧洲农民有利。其实在20世纪90年代，欧洲农业界大多数人是支持转基因技术的。欧洲对待转基因作物的态度与美国不同，主要是因为欧洲消费者对待转基因作物的态度与美国消费者不同。比如，20 世纪 90 年代美国约有 2/3 的消费者支持转基因技术，而同样比例的法国消费者则反对转基因技术。

最近越来越多的美国人要求食品生产商给含有转基因成分的食品贴上标签。支持者们认为消费者有知情权。这个争论很有意思。毕竟对于消费者而言，这是他们了解食品是否含有转基因成分的唯一渠道。即使是转基因技术的支持者有时也支持贴上标签，他们认为反对贴标签就好像想要隐瞒某些事情一样。

> 反对贴标签，我们其实是在给反对转基因的人提供了口舌，引来了人们对转基因技术产生更大的恐慌。反对贴标签会使那些对转基因食品持中立态度的人认为我们有所隐瞒，他们会想："不然的话，他们为什么会如此反对贴标签呢？"
>
> ——马克·莱纳斯(Mark Lynas)，《我们为什么需要贴上转基因标签》，在食品安全峰会上的演讲，2013 年 10 月 15 日

反对强制给转基因食品贴标签的人主要持两种观点。一是给转基因食品贴上标签会给人造成一种转基因食品不安全的假象。这让人们想起在情景喜剧《发展受阻》(*Arrested Development*)中,戈布·布卢特(Gob Bluth)建议他的建筑公司采用这条宣传语:"布卢特/莫伦托公司:这是一家不会绑架或者谋杀你的哥伦比亚企业联盟!"这条广告强调"不会",但看起来就像这家公司有可能会绑架或者谋杀顾客一样。确实,那些支持强制给转基因食品贴上标签的团体非常热衷于让转基因食品看起来不安全。如果给转基因食品贴上标签会毁掉整个转基因食品市场,那么,毫无疑问,食品民主组织会把这看作一次伟大的胜利。

反对强制贴标签的另一种观点是,如果消费者真的需要这个标签,那么转基因公司会自愿贴上标签的,就像全食超市曾计划在2018年之前做的那样。这种观点认为,要让市场而不是食品维权组织来决定是否需要贴转基因标签。这种观点听起来很合理,但人们会好奇,如果没有1990年出台的《营养标识与教育法》(Nutrition Labeling and Education Act,NLEA),现在的食品会贴上标签注明食品的热量、脂肪、糖分的具体含量吗？现在大多数人都支持贴上营养成分标签，但如果不是法律强制规定，之前的食品企业是不愿意贴上营养成分标签的。

这个例子并没有将人们划分为支持或反对监管的典型意识形态阵营。政府机构里面也有不同的声音，比如美国前任总统奥巴马的幕僚卡斯·桑斯坦(Cass Sunstein)就反对强制贴转基因标签。缅因州众议院议员哈维尔(Harvell)，一名共和党人，支持缅因州通过强制贴转基因标签法案，因为市场需要知情权，哈维尔还引用了自由主义英雄路德维希·冯·米泽斯(Ludwig Von Mises)的话来捍卫自己的立场。其他一些通常不发表政治观点的人，比如英国王储查尔斯王子也曾公开声称转基因食品不仅会损害健康，还会威胁地球人民自食其力的能力。

奇怪的是，标签争论的双方都宣称是为了使消费者的利益最大化。一方宣称民意调查结果支持强制贴转基因标签，而另一方反驳说，加利福尼亚州曾举行过一场投票，但强制贴转基因标签的法案并未通过。这种民意调查结果和投票结果的差异，可能是因为在投票时消费者会更认真地对待问题，或者因为参与投票的和参与民意调查的不是同一批人，又或者投票者们在转基因生物公司的政治宣传面前动摇了。支持方宣称消费者有权知道食品里面含有哪些成分,反对方则反驳说消费者不想知道食品里面的所有成分,他们只想知道那些关键的信息。如果有一种方法可以问清楚消费者到底想不想强制贴转基因标签就好了,但目前唯一清楚的是,在不同的环境中消费者的观点不一样,就好像消费者也不清楚他们到底想不想要强制贴转基因标签一样。

转基因技术能给全世界人类提供足够的粮食吗?

之前一个支持转基因作物和牲畜的典型观点是,农业生产力必须持续增长,才能满足到2020年时全世界可能会增加的人口,而目前的粮食产量需要再增长约40%才能养活这些人口,但目前的粮食产量增长速度是达不到要求的。于是,持这个观点的人认为,生物技术,包括转基因技术和其他技术,都应该用来服务于这个粮食产量增长的目标。

这个论点的逻辑在于,从1950年至2000年,世界人口从约25亿增长到了约60亿,其间出现的饥荒基本上是由政治原因造成的。这段时间对于那些不是生活在专制政权体制里的人来说，粮食基本都是够吃的，这在一定程度上归功于绿色革命。绿色革命不是政治革命，而是一场农业科学革命，杂交育种、化肥等农业科学技术使粮食产量增速保持在人口增速之上。过去这段时间看起来像是科技满足了人类的粮食需求，那么接下来的几十年，转基因技术能满足人类的粮食需求吗?

转基因作物的产量会更高吗? 目前没有理由认为栽种转基因作物的农民能得到更高的产量，由于首先采用转基因技术的农民和从未采用该技术的农民是不同类型的农民，他们的粮食产量不仅受到转基因技术的影响，还受到栽种土壤以及种植技术的影响。从美国实际种植经验来看，抗病虫害的转基因玉米产量提高了，而抗除草剂的转基因大豆产量则下降了(虽然下降幅度很小)。

只有采用控制变量法的对比实验才能研究出转基因技术对产量的影响。有的对比实验发现转基因技术会增加产量，而有的则发现会降低产量。产量固然重要，但并非一切。如果低产量的转基因品种能够降低农药成本，能够减少杀虫剂的使用，或者抗旱性更好，又或者能够降低下一批种植作物的病虫害(比如，在一片土地上种植某种转基因油菜，当第二年在这片土地上种植非转基因小麦时，杂草会少很多）等，那么它仍然可能是首选。

转基因技术只是生产优良农作物品种的工具之一，如果某种转基因作物不成功，并不能说明其他的也不能成功。转基因延熟番茄是第一种转基因作物，那次尝试没有成功，但随后同类型的转基因大豆和玉米就大获成功并占领了市场。任何时候，只要技术提供商和农民有了更多的生产粮食的方法可以选择，他们就会提高效率——否则，他们将被那些效率更高的企业和农民赶出市场。如果人们对监管体系有信心，相信只有安全和环保的转基因作物才能获得监管体系的批准，那么我们相信转基因作物是可以给人类提供足够的食物的。

对此，“食品流言终结者”（Food MythBusters）组织的安娜·拉佩（Anna Lappé）持有反对意见，她认为我们都被戏弄了，以至于我们都相信只有大型企业的生物技术能帮助我们在2020年提供足够的粮食。她的观点是这些生物技术在最开始看起来是有效的，但农民们会很快对这些转基因种子、化肥和杀虫剂产生依赖，这最终会导致土地变得贫瘠、杀虫剂失去效果，从而威胁到我们生产粮食的能力。她做出这样的判断的依据是她认为大型企业的影响力已经“左右了竞争环境”，使竞争环境向着大型企业以及他们的技术方向倾斜了。

重申一下，人们是否相信转基因食品可以在2020年为人类提供足够的粮食，关键在于人们看待大型企业的态度。如果人们像拉佩一样，认为这些大型企业会控制监管机构、控制投入和产出市场，从而减少农民的选择，那么这些大型企业会阻碍我们生产出更多的粮食。相反，如果人们相信转基因作物能

转基因玉米
Photo by Aaron Burden on Unsplash

得到有效监管，并且转基因企业的产品只有得到农民的持续青睐才会获得成功，那么转基因作物就可以增加农民的选择，同时在未来粮食生产中扮演重要的角色。

转基因作物可以减少杀虫剂的使用吗？

如果转基因作物可以减少杀虫剂的使用，那么这项技术可能会对健康和环境有所帮助。转基因争论中的双方都同意如果转基因作物（例如 Bt 玉米）能够自己产生杀虫剂，那么就能有效降低杀虫剂的人为使用量。如果转基因作物不能降低杀虫剂使用量的话，这将是十分令人惊讶的。如果转基因作物最终没能降低杀虫剂使用量，那就说明，无论杀虫剂是农民喷洒的，还是农作物自己产生的，都会导致害虫对其产生抗药性，从而降低杀虫剂的效力。实际上，玉米食根虫已经对 Bt 玉米产生的杀虫剂产生了抗药性，这导致农民们不得不重新喷洒别的杀虫剂。如果这样的情形持续下去的话，通过转基因作物减少杀虫剂的使用这个办法可能会失败。

转基因作物产生的杀虫剂又是怎样的呢？如果美国环境

保护署把Bt玉米当作一种杀虫剂(它确实是),那么在计算杀虫剂使用总量时,就应该把类似的转基因作物产生的杀虫剂计算在内。在写这本书的时候,本书的作者们还不清楚如果把转基因作物产生的杀虫剂计算在内,人类使用杀虫剂的总量的变化趋势如何。尽管有的消息宣称,转基因作物产生的杀虫剂的浓度是农民所用杀虫剂的数千倍,但这是美国环境保护署评估转基因作物的安全性时需要考虑的事情,因此转基因作物是增加还是减少了杀虫剂的使用量,目前还难有定论。

目前,在转基因作物对除草剂的影响一事上还存在分歧。有的研究表明转基因作物的使用使除草剂的总用量降低了,但有的研究却表明除草剂总用量增加了。那么像抗除草剂玉米这样的转基因作物到底有没有降低除草剂的使用呢?目前尚不清楚。目前确定的是,抗除草剂玉米产生的除草剂毒性要比人为喷洒的除草剂毒性小很多,在这样的情况下,即使最后转基因作物导致除草剂总用量增加了,对土地施加的有毒物质的总量还是有可能下降的,这会给环境和消费者带来好处。

转基因作物对环境有好处吗?

除了减少杀虫剂的使用,转基因作物还能从哪些方面对环境起到正面作用呢?如果转基因作物产量很高,那么农民们使用更少的资源就可以收获相同的粮食产量,这意味着污染更少、资源保护更好,以及可以有更多的土地用于保护野生动植物(单位面积产量更高意味着生产每单位热量所占的土地更少)。《经济学人》(*The Economist*)中有一篇标题为《转基因作物减缓全球变暖》的文章说道,转基因作物事实上使无土栽培技术更具可行性,由此减少了土壤侵蚀和土壤固碳。从前文可知,转基因作物产量更高——即使产量没那么高,农民们也更愿意栽种转基因作物,因为可能它们需要投入的资源更少,需要的土地也更少。

在农业领域,现在转基因作物研究的主要目的是降低粮食生产成本,而不是解决社会问题,比如解决化肥带来的水污染问题。原因十分明确,因为转基因生物公司的资金由投资者提供,而这些公司要确保他们的经营活动能够给投资者带来经济回报。如果投资者的目的是治理美国河流和湖泊的水污染问题,那他们大可以把钱资助给那些非营利组织,而不是购买转基因生物公司的股票。显然,投资者们选择了购买转基因生物公司的股票,那么我们也不要期望孟山都这样的企业会想要拯救世界,只要这些企业能够生产出消费者愿意购买的粮食就足够了。

由于禽流感的存在,再加上全球有大量家禽,尤其是那些放养的家禽,它们会接触到其他野生鸟类的粪便,这对人类构成了严重的健康威胁。为此,科学家们研究出了一种对禽流感免疫并且不会传播禽流感病毒的转基因家禽。由于禽流感病毒在全球范围内传播速度极快,我们可以想象,这样一种转基因家禽可以拯救多少人的生命。

通过基因工程获得公共利益的途径还有很多,我们甚至都还没提到利用转基因生物为人类制造器官或者药物。转基因技术往往与大型企业联系紧密的原因在于,由于转基因技术的极大争议性,公共部门给这项生物技术所提供的资金正在减少。如果再过10年,仍然没有发现转基因技术对人类有威胁,那么食品维权人士的反对意见就会逐渐减少，或者这些意见会变得不再重要。到那时，也许生物技术就可以被用来完成一些社会使命，比如污染治理、疾病防治等。不过现阶段而言，转基因技术的争论仍在持续加剧。

放养的鸡群

Photo by chatnarin pramnapan on Unsplash

6　关于农业补贴的争议

什么是关于农业补贴的争议？

在过去20多年里，社会上兴起了一股食品激进主义风潮，像迈克尔·波伦这样的作家、艾丽丝·沃特斯(Alice Waters)这样的社会活动家、纽约前任市长迈克尔·布隆伯格(Michael Bloomberg)这样的政治家，以及网络上流传着的多个食品纪录片都在试图说服人们，他们正在吃的食物不安全。农业经济学家杰森·勒斯克把这些人戏称为"食品警察"。他的著作《食品警察》(*Food Police*)就主要描述了这些对食品问题"指手画脚"的人。

当然，这些食品安全活动家并不想被看作"指手画脚的人"。他们认为大型企业以及政府才是推动公众养成不健康饮食习惯的真正幕后推手。

这些令"食品警察"厌恶的所谓"不健康"的食品有哪些呢？首先是玉米。玉米本身并没有被认为是不健康的。玉米是蔬菜，很难被认为是不健康的食物。但是，大多数玉米都不是供人类食用的，而是用以饲养家畜的(这意味着种植玉米的目的是获得家畜的肉、蛋、奶)。此外，玉米几乎出现在每一种加工食品中，比如苏打水中的玉米糖、燕麦棒中的麦芽糖糊精，或者是罐装水果里面的柠檬酸。想要找出一种完全不含玉米的加工食品是很难的。由于大多数健康专家都建议少食用肉类和加工食品，而玉米又常常被添加进不健康的加工食品中，因此玉米就成了“食品警察”的众矢之的。

纪录片《食品公司》(*Food, Inc.*)把观众带进一家食品杂货店，这家杂货店里展示着各种各样的食品，然后纪录片评论说这些琳琅满目的食品展示出的种类繁多是假象——每种食品都可以追溯到玉米。接着观众被带到一台正在收割玉米的联合收割机前，听到农民们解释为何他们种植的农作物大多数是玉米，而不是其他的品种，因为种植玉米有农业补贴(并且那些收购粮食的公司还会游说农民们接受这些农业补贴)。

> 目前美国约有30%的土地被用来种植玉米。这主要是受政策驱使，政府补贴使农民可以以低于生产成本的价格来生产玉米。问题的关键是我们产能过剩了，而这是由那些大型跨国公司造成的。政府驱使农民大量生产玉米的原因是美国嘉吉公司、美国ADM公司、美国泰森食品公司、美国史密斯菲尔德

食品公司，这些公司想要以低于生产成本的价格收购玉米。这些公司使用大量的资金游说国会，使国会通过了现在的农业补贴法案。

——特洛伊·劳什（Troy Roush），美国玉米种植协会副主席，在纪录片《食品公司》里面的采访记录，“以低于生产成本的价格购买玉米”要求政府向种植者提供补贴，使以低于生产成本的价格出售玉米成为可能

玉米常用于各种加工食品中
Photo by Kamlesh Hariyani on Unsplash

美国食品活动家把豆类吹捧成最美味、最有营养的食物，但没有吹捧大豆，因为大豆和玉米一样，大多数是用来饲养牲畜，或者用来制作加工食品的。即使那些活动家意识到食用适量的肉类不会对健康造成危害，他们还是会倡导美国人应该多吃蔬菜。此外，如果肉类、蛋类、乳制品以及加工食品的高消费量是由农业补贴引起的，这确实需要担忧。

第一个需要担忧的问题是农业补贴到底在多大程度上影响了农民，使他们选择种植大豆和玉米，而不是芝麻菜和南瓜。第二个担忧是关于农业补贴本身。我们为什么会有农业补贴？农业补贴有什么作用？农业补贴存在的意义是服务于大型企业、农民，还是消费者呢？这就是我们面对的争议，尽管讨论主要涉及的是美国的补贴。

农业补贴需要对玉米和大豆的大量产出负责吗？

种植玉米和大豆的土地比种植其他任何农作物都多，而玉米和大豆的主要作用是用于牲畜饲料或者生产加工食品。这意味着，大量种植玉米和大豆的原因是消费者更倾向于食用肉类、乳制品、蛋类以及加工食品。由于食品活动家通常希望人们能减少食用肉类、蛋类、乳制品以及加工食品，所以他们认为如果用来种植玉米和大豆的土地能够种植其他农作物（比如萝卜或西兰花），人们的健康状况将会有所改善。此外，在玉米和大豆之间，食品活动家可能更关注玉米。

是农业补贴造成了我们种植过量的玉米和大豆，从而导致我们食用了如此多的肉类、蛋类和乳制品吗？这就是为什么几乎所有的加工食品都含有玉米吗？美国和欧盟的农业政策都十分复杂。这些政策不会为农民种植的每一类作物提供补贴。有时他们给予这种补贴的同时也限制了农民可以种植的作物的数量；也有可能不管农民种植什么或种植多少都会得到补贴，这根本不应该（直接）影响种植决策；甚至有的补贴政策是用来限制某些商品（比如糖类）的进口，从而提高国内该商品的价格以减少消费量的。我们所说的农业“补贴”项目并不意味着会造成玉米和大豆的过量生产。玉米和大豆成为美国主要的农作物的原因还有很多。人们非常喜欢吃肉，尤其是食用玉米长大的牛的肉，喂食玉米和大豆混合饲料长大的鸡和猪也很受欢迎。也许消费者对肉类的热爱才是美国大量种植玉米和大豆的原因，而不是政府补贴。

玉米和大豆的技术创新成果可能比其他作物更显著，从而有效降低了生产成本。幸运的是，我们可以通过一个简单的思维实验来阐明补贴与技术之间的关系。想象一下，如果全球玉米生产能力没有进步，但政府给予了大量的补贴。在种植补贴的作用下，玉米种植面积逐渐扩大，这时新开垦的土地的玉米产量将低于现有的土地，因为农民们之前种植玉米的土地土壤条件肯定更好。如果是这样的话，随着玉米种植面积的扩大，玉米平均产量就会降低。

再设想另外一种情况，如果世界上没有任何玉米种植补贴，但玉米产量却相当大。在这种情况下，随着种植面积的扩大，玉米平均产量会增加。在现实中，种植补贴和技术创新都是存在的，但哪一点影响更大呢？这可以通过研究过去 70 年间玉米生产能力是上升还是下降来进行判断。

图 6.1 展示的是 20 世纪 20 年代以来玉米产量和生产率的变化情况。我们从图中可以发现，随着时间推移，无论是玉米的总产量还是玉米的生产率都在稳步上升。产量的提高不是通过耕种更多的土地来实现的，而是因为单位土地的产量提高了。几乎所有农作物的产量和生产率都呈现上升趋势，其中玉米生产率的提升尤为显著。

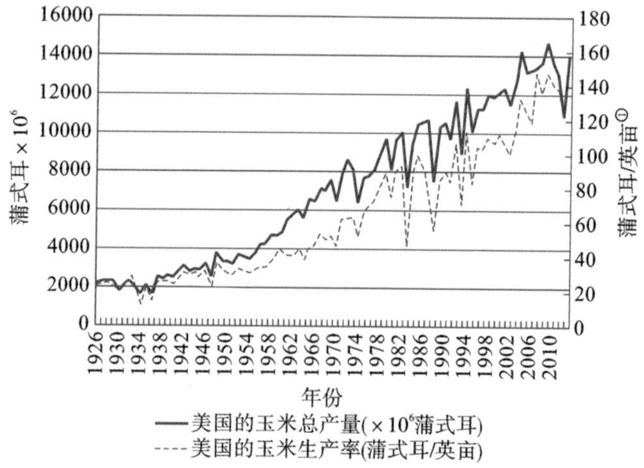

图 6.1 美国的玉米产量和玉米产率

来源:经济研究服务,《玉米:背景》,2013 年 7 月 17 日。

农业经济学家长期以来都在研究农业政策和农业产量之间的关系,他们普遍发现农业补贴(我们在这里将补贴定义为向农民提供货币利益的任何项目,即使是通过进口限制间接获得的补贴)对产量的影响微乎其微。回顾 20 世纪,史上最受人敬重的农业经济学家之一布鲁斯·加德纳(Bruce Gardner)曾得出结论:农业补贴对农民种植行为的影响十分微小。

① 1 蒲式耳/英亩≈0.0672 吨/公顷。——译者注

> 大量的模型一致表明美国农作物生产计划对农作物生产率的影响相当小……对比结果……并没有表明农作物生产计划(对农作物产量)有任何影响。
>
> ——布鲁斯·加德纳,《二十世纪的美国农业:如何繁荣及成本多少》,马萨诸塞州,剑桥:哈佛大学出版社,2002:347-348

其他一些对近几年政策进行过研究的经济学家也发现政策对农民种植意愿的影响不大。“联邦农作物保险项目”产生了一些影响,但效果非常有限。有的经济学家发现“农业补贴脱钩效应”(无论农民种植何种作物都能得到补贴)确实影响了农民的种植意愿,但影响同样很小。布鲁斯·巴布科克(Bruce Babcock)的研究表明,如果取消所有关于玉米和大豆的种植补贴,玉米和大豆的价格涨幅将不超过7%。

在这一章必须要谈到美国史上著名的农业部长厄尔·巴茨(Earl Butz)。对于不管农民的农作物产量多少一律给予补贴的政策,他从来都不赞成。他认为农业存在的目的就是给人类提供足够的粮食,农业界就应该高效地生产粮食,以保证消费者能以较低价格购买粮食。这位曾在尼克松总统和福特总统任期内就职的农业部长，曾经发表过一篇著名的演讲稿，在演讲稿中他指出农民就应该尽最大努力来生产粮食，如果粮食生产过剩了，他会想办法将粮食出口售卖。他确实这样做了，1972 年他向苏联出口了大量粮食，帮助苏联度过了当时的大干旱时期。

这位农业部长还敦促农民“要么把农场做大，要么就干脆别做了”，这对小农场主来说很残酷，但这位农业部长作为一位经济学家，理解产业规模经济的重要性，并且认识到大型农场在生产效率上有明显优势。后来的研究表明巴茨的观点是正确的，即大型农场的效率更高。因此，巴茨认为一些农场应该越做越大并淘汰掉小型农场，他也确实是这样引导农民们的。因为他知道农场做大之后，可以降低生产成本，更符合社会的利益。巴茨的反对者们认为这种行为是在催生垄断企业，而他的支持者们则认为这是为消费者着想。

因为巴茨博士始终强调增加粮食供应量的重要性，有的人认为他应该为美国人民日渐依赖玉米这件事负责，但增加玉米的供应量和增加消费量不是一回事。实际上，巴茨协商达成的玉米出口协议推高了美国国内的玉米价格，这有助于减少——而不是增加——美国的玉米消费量。此外，从图 6.1 也可以看出从 20 世纪 20 年代到现在，玉米产量有明显的起伏，虽然 20 世纪 70 年代（巴茨任职期间）玉米产量总体上升，但上升的趋势与 1960 年至 1972 年之间的总体趋势并无不同。这很难说明是巴茨促成了玉米产量和消费量的上升。

总之，结论是 20 世纪施行的农业补贴对玉米和大豆产量的提高只起到了很小的作用，原因是农业补贴是十分复杂的，而不是简单地说每收获 1 千克玉米或者大豆，就给予一定金额的补贴。有时候，农民只有同意限制某一种农作物的产量才会

大型农场

Photo by Gozha Net on Unsplash

得到补贴，而有的时候由于进口到美国的农产品受到限制，农民才能给农产品定更高的价格。从某种意义上来说，“补贴”并没有起到多大的作用，因为几乎没有任何一种农业政策能简单地被称之为“补贴”。

这一切直到乙醇的出现才有所改变。乙醇是一种由玉米制成的生物燃料。在过去，生产商每生产 1 加仑乙醇会得到 45 美分的补贴，并且美国政府还制定了关税政策以保护乙醇生产商免受国际竞争的影响。尽管这些乙醇补贴以及关税政策后来被取消了，但美国政府还是通过各种间接的方式资助乙醇生产，比如要求汽油中必须混合一定比例的乙醇之类的“可再生”生物燃料，这一比例在未来还可能继续提高。这是一项可能提高了玉米产量的补贴政策。

在美国，乙醇补贴政策已经存在超过 30 年了，但 2005 年玉米产量大幅增长、玉米价格达到新高之后，乙醇补贴额度出现了大幅增长。虽然乙醇补贴是直接给乙醇生产商的，但玉米生产商在玉米价格上涨时获得了很大的补贴份额。尽管 2005 年的乙醇产量相对较小，但到 2011 年美国用于生产乙醇的玉米比饲养牲畜的玉米数量更多（虽然有些生产乙醇的副产品随后被用来饲养牲畜了）。乙醇补贴似乎影响了农民的种植意愿，使农民更愿意种植玉米、更不愿意种植大豆，而且喂养的牲畜也更少了。食品活动家不会反对这样的结果，因为玉米被用来生产乙醇，导致玉米以及牲畜的价格都上涨了。

农业补贴会导致人体肥胖吗？

我们现在已经有一种普遍的看法，即多吃水果和蔬菜可以抑制肥胖。因此，即使农业补贴使谷物、肉类和加工食品的价格小幅下降，人们都认为应该取消这种补贴，以此来减小这些“坏”食品的消费量，以增加水果和蔬菜的产量。像这样的假设已经导致一些人将现今肥胖症患者的增加归咎于农业补贴政策，真的是这样吗？

研究表明，取消玉米、大豆等谷物的农业补贴确实可以减少某些人对热量的摄入，但这只能让成年人的平均体重每年降低0.35磅。如果取消间接补贴，比如糖类的进口配额，这会导致糖类价格略微下降，从而略微提高肥胖症的发病率。如果我们取消所有直接和间接的农业补贴，成年人平均体重将会上涨，但涨幅不会超过1磅。

想要定量地研究农业政策改变对人的体重的精确影响，需要对现实生活进行大量简化，并且进行大量的思维实验，因此废除农业补贴对人类体重的实际影响可能与研究结果有所差异，但没有明显的证据表明农业补贴对人类体重有较大影响。澳大利亚已经取消了农业补贴计划，但澳大利亚仍然面临与美国一样的肥胖问题，因此没有理由相信美国的状况会有所不同。

我们为什么会有农业补贴?

读到这里，可能很多读者会停下来问我们最开始为什么会有农业补贴呢？批评美国农业政策的人士往往会很沮丧，因为农业补贴最初是在“大萧条时期”用来扶持那些快要破产的小型农场主的，但之后农业补贴成了资助富人和大型跨国企业的工具。上述内容有些道理，但农业政策一直是政治家的政治策略，农业补贴出现在大萧条之前还是之后并不重要。政治策略的出现比大萧条早了几千年。

1933 年，富兰克林·德拉诺·罗斯福(Franklin Delano Roosevelt)当选为美国总统，他承诺会积极应对美国当时旷日持久的经济衰退。罗斯福政府认为，在大萧条中，市场已经不能有效地调整农业生产活动，而这时候需要政府做得更好。于是罗斯福新政的一部分就是开创了一套正式的、有些错综复杂的政策，这套政策允许政府控制物价、给农民发放条件优惠的贷款、控制农作物产量、储存商品，并提供保险。当新政实施时，许多政治家都在猜想每个州能够得到联邦政府的多少补助。后来人们发现大多数补助都被给予“摇摆州”了，不是因为这些州更需要钱，而是因为罗斯福希望在下一次选举中得到这些州的支持。这意味着罗斯福新政里面也有私心，只是私心和政治策略结合在了一起，并且政治策略在其中占主导地位。

如果现在你问今天的农业经济学家们为什么我们会有农业补贴，几乎没有人会回答说这是为了帮助陷入困境的小型农场主。大多数人，尤其是那些研究过农业政策的人，会回答说农业补贴的存在是由于政治原因。毫无疑问，我们限制糖类进口是因为这能让范胡尔兄弟中饱私囊，而范胡尔兄弟会慷慨地给民主党和共和党捐款。朱利安·阿尔斯通(Julian Alston)和丹尼尔·萨姆纳(Daniel Sumner)是当代受人尊敬的农业经济学家，他们坦率地表示，农业政策的目的是将纳税人的钱重新分配给目标群体。这样做的原因很简单：政治家从纳税人的钱里面拿出很小的一部分，把这部分钱给予某些特定人群，这样做不会激怒纳税人，但会使得到这部分钱的人心怀感激——这种感激在竞选的时候会充分体现出来。

> （农业补贴）从来都不是为了补贴穷人……设立农业补贴唯一合理的说法是，我们一直都有这些项目，除此之外，你想不到其他任何合理的原因了。
>
> ——丹尼尔·萨姆纳，《农业补贴：农民的企业福利》，尼克·吉莱斯皮（Nick Gillespie）主持的访谈节目，ReasonTV. com，2009 年 1 月 27 日

乙醇补贴表面上看起来是为了保护环境。环境保护主义者最初可能也支持这项补贴政策，但现在他们已经表示反对了。《滚石》（*Rolling Stone*）杂志刊登了一篇名为《乙醇骗局》的文章，文章声称乙醇会破坏环境，虽然对这一事实有人表示不同意，但现在环保组织已经不支持乙醇了。目前，除了玉米生产商和乙醇生产商，其他人似乎都不喜欢乙醇。

就像传统的农业补贴一样，发放乙醇补贴的真实目的也是出于政治考虑。阿尔·戈尔（Al Gore）（美国前副总统）曾坦诚表示任何环境问题都是不重要的。当他解释他过去为何支持

乙醇时，他说：

> 我犯这个错误的原因之一是，我特别关注家乡田纳西州的农民，对艾奥瓦州的农民也有一定的好感，因为当时我即将竞选总统。
>
> ——《阿尔·戈尔的乙醇顿悟》，载《华尔街日报》，2010 年 11 月 27—28 日

于是可以说，农业补贴的诞生有一部分是出于政治原因，而它得以延续也主要是由于政治原因。让我们把农业补贴法案存在的原因放在一旁，先观察其结果。农业补贴大部分都发放给了少数特定人群。从 1995 年到 2012 年，美国农业部把约 75%的补贴发放给了 10%的人。在这期间，有 23 个国会议员的家庭收到农业补贴，其中有一个来自田纳西州的国会议员收到超过 300 万美元的补贴。几乎所有补贴都发放给了种植玉米、水稻、棉花、小麦和大豆的农民，只有极少一部分发放给了种植水果和蔬菜的农民。虽然大型农场主收到的补贴要比小型农场主更多，但相对于其产出价值而言，他们获得的总收入大约是小型农场主的 5 倍。对于小型农场主而言，这些补贴是

他们总收入的一大部分，尽管相比大型农场主来说，他们收到的补贴总额较少。

美国约有45％的耕地是出租的，于是造成大部分农业补贴最终落到了土地所有者的手里，即使这些农业补贴的支票明确表明了补贴是给农民的。如果政府开始为农民种植一单位面积的玉米提供更多的补贴，土地所有者就会意识到农民正在利用他们租用的土地来赚更多钱。于是土地所有者会相应地提高土地租金，这就是实际情况。土地所有者敢于向农民施加这样的压力是因为适合种植的耕地面积是有限的，不易扩大，而想要租地的农民却很多。财富会逐渐流向拥有固定资源的人，在这个例子中，财富流向的就是土地所有者。那么农业补贴大概会有多少最终落到土地所有者手里呢？这得看耕地的情况，有的情况下土地所有者会通过提高租金获得大部分农业补贴，而其他人则认为土地所有者大概只收取25％的补贴。

农业补贴在过去经常被忽视，但最近成了争论的焦点。因为环保组织开始关注农业污染，民众开始关注食品安全，农业补贴开始饱受批评。环境工作小组为每一个获得农业补贴的人建立了一个数据库，以提高社会大众的意识。在2013年农业法案备受争议的时候，环境工作小组发布了超过630条社论，提出我们需要重新思考如何管理农业补贴，或者我们究竟是否还需要农业补贴。乙醇补贴目前仍然被乙醇生产商和玉米生产商之外的所有人反对，但美国政府仍然要求汽油中需要含有一定比例的乙醇。

美国的农业补贴可能会发生重大变化。随着茶党（Tea Party）向共和党施加的压力越来越大，要求他们限制政府项目，环保组织被证明是挑战补贴政策的强大势力，农民们也不关心是否还有农业补贴，因为现在粮食价格很高，因此农业补贴可能会渐渐退出历史舞台了。这些都是2013年夏天发生的事。现在看来，事情在一年内发生了变化，农业补贴可能会变成一种补贴性的农业保险。

不是只有美国的农业补贴政策遭到质疑。在泰国，为了赢得选票，政府向水稻种植户许诺了巨额补贴金，但在补贴金发放之后，政府发现这项补贴花费太大，而且并不确定应该如何处理过量生产的剩余大米。印度政府正在试图削减化肥补贴，一方面因为成本太高，另一方面农民们争相申请会导致化肥施用过量，从而影响耕地质量。在埃及，食品和农业补贴占了政府预算的4%，这导致埃及食品价格极低，人们甚至会用廉价的面包来喂养动物。

对于发展中国家来说，削减农业补贴甚至要比美国和欧盟国家更为棘手，因为在发展中国家，维持较低的食品价格对于政治稳定极为重要。在美国废除农业补贴，政治家可能会在选举中失去支持，而在发展中国家废除农业补贴，政治家们失去的可能是自己的脑袋。

7　关于本地食物的争议

什么是关于本地食物的争议？

1989年，罗马尼亚脱离苏联开始向西欧靠拢，罗马尼亚政府将其集体所有制下的土地归还给了它们原来的主人（或者其后代）。当这个国家正向着市场经济转型时，特兰西瓦尼亚(Transylvania)地区对待牛奶的做法却出人意料。该地区的人们不再依赖其他地区的现代化农场生产出的廉价牛奶，而是开发了本地牛奶市场，并且十分尊重该地区传统的养殖方式。特兰西瓦尼亚地区的人们更加重视本地牛奶，不仅仅是因为他们认为本地牛奶质量更好，更是因为这代表了特兰西瓦尼亚地区的传统文化，当地人民不愿看到这种文化在全球化浪潮中消逝。很早以前，当地居民就开始饲养牲畜，甚至有人猜想特兰西瓦尼亚地区是最早食用羊奶的地区之一（因为他们中的成年人具有极高的乳糖耐受性）。

这个国家的农民没有采用现代化机械来快速收割和捆绑稻草，而是像他们的祖先几百年前做的那样，拿着耙子，用双手捆绑稻草，然后用马或者马车运往谷仓。这里的单个农场往往只有大概8英亩，奶牛也只有几头，以现代的标准来看，这样的农场效率很低，但它们却提供了这个国家60%的牛奶。

农民们从自家奶牛身上挤牛奶，然后将牛奶运送到合作社去(通常是用桶装着)。合作社里放着各种各样的本地牛奶，而且这些本地牛奶都比外地牛奶卖得贵。为什么呢？主要原因是当地人对传统文化的偏爱，而且当地的地形地貌也确实使本地牛奶的质量更好。特兰西瓦尼亚地区的人们特别喜欢色彩丰富、植物多样的牧场，相较于其他语种，他们的语言有更多描述景观的词汇。这里的人们不喜欢杀虫剂和化肥，因为它们会杀死鲜花和其他在草地中自由生长的植物。当特兰西瓦尼亚

传统挤奶技术

Photo by Tadeu Jnr on Unsplash

地区的人们购买本地牛奶时，他们不仅仅是为了牛奶本身在付钱，也是在花钱保护自己的传统文化。是的，现代农业会带来更高的产量，也会使生产更有效率，这可以降低食品价格，但同时这也改变了社会文化。因此，为了保留传统文化，特兰西瓦尼亚地区的人们宁愿以更高的价格购买本地牛奶。当地人相信自己传统文化里生产牛奶的方式，因此他们坚信本地牛奶是“真正的全脂牛奶”，尽管目前还不清楚他们有多相信本地牛奶的质量更好。

> 因为这是真正的全脂牛奶……里面有我们城市生活所遗留下来的历史。
>
> ——一个特兰西瓦尼亚人对于他们高价购买本地牛奶的回答，亚当·尼科尔森(Adam Nicolson)，《美丽的干草》，载《国家地理》，2013年7月，第124页

这种对待本地食物的相对浪漫的态度并不只存在于特兰西瓦尼亚地区。基于同样的原因，许多美国人和欧洲人也更倾向于成为本地膳食主义者，这意味着他们更愿意从附近的小农户那里购买食物。本地膳食主义者人群分为两种，一种类似

特兰西瓦尼亚地区的人们，他们到附近的农贸市场或者阿米什地区的食品市场购买使用传统农耕手段生产的食物；另一种叫作社区支持型农业网络人群，即人们是农场的小股东，付给农场一定的会费，等收获的季节再来分享食物。

本地食物的质量很少受到质疑，而且人们从一开始就假定本地食物更健康、更有营养，这就像大学里的某些事一样。我们的大学每年都会评选年度创新奖，2008 年的获奖者是两个提出“从农场到大学”用餐计划的人。这个计划获奖是因为人们假定这样的计划对当地经济和环境有益，而不是因为实践证明它真的有益。

> 我所在的大学有一个可持续发展协调员，据我所知，他经常做的一件事就是出去劝人们购买当地种植的粮食……为什么呢？宾夕法尼亚州的西红柿和俄亥俄州的有什么区别呢？
>
> ——理查德·维德（Richard Vedder），《念大学如此花钱的原因》，载《华尔街日报》，2013 年 8 月 24—25 日，第 A9 版

在迈克尔·波伦之前，还曾有过一位叫温德尔·贝里(Wendell Berry)的作家对阿米什人的传统耕种方式表示钦佩，这位作家还建议人们与当地的农场建立更紧密的联系，他认为这样会促进当地经济的蓬勃发展。温德尔·贝里还认为我们不能将食品与其生产地分离开来，因为当人们购买食品的时候，实际上是在间接地支持食品生产地的经济发展。

个人想要与本地农业建立更多的联系，这并不会产生争论。因为争论的焦点在于那些本地膳食主义者试图说服人们本地食物在各方面都优于非本地食物；他们还声称吃本地食物可以促进本地经济发展，而且对环境更友好；他们甚至声称本地食物更健康。他们发表了各种各样的类似言论，却不提供任何证据。针对本地膳食主义者提出的以上三个观点，我们现在逐个进行分析，看看本地食物到底怎么样。

本地食物真的更健康吗？

本地食物有自己的优点和缺点。和小卖部相比，如果你能从本地货源地(比如农贸市场)找到更新鲜、更美味的水果和蔬菜，那么可以说明本地食物质量更好。大多数美食评论家可以证明，最好的西红柿永远是在农贸市场上找到的。因为农贸市场里的水果和蔬菜几乎没有被加工过，而且都在当地贩卖，因此农贸市场里的果蔬不会经过大型机器和工厂加工，也不会经受复杂的运输体系折腾。这是纯天然的食物，对一些人来说，这十分重要。

但我想说的是，认为所有的本地食物都更健康，这是一种错误的认识。比起新鲜果蔬，冷冻果蔬在营养上可能只稍微差一点，但冷冻果蔬通常更便宜、更方便，也更容易买到。此外还有罐头食品，它们也有丰富的营养，比起本地的新鲜食品或者冷冻食品，罐头食品是一种价格更低、更易获得的健康食品。尽管可能大多数人认为预先加工或者预先煮过的食品都不健康，但大家别忘了多种品牌的减肥速冻食品曾帮助很多人减肥，也别忘了某些速冻沙拉有多美味，里面的各种蔬菜和营养成分都令人印象深刻。一般来说，本地食物有可能比非本地食物更健康——我们说不准，这得具体情况具体分析。我们能确定的是，给非本地食物打上“不健康”的标签是不公平的。

从某种程度上来说，本地食物更健康，味道也更好，它的快速发展是食物改善道路上迈出的重要一步。在下面的章节中，我们将评论两种常由地方主义者提出的关于经济发展和环境的主张。但我们要提醒读者的是,这些评论与食物质量问题无关。即使读者在读完下面两章之后,会对本地食物增强当地经济以及保护环境的能力产生怀疑,但你们还是有正当的理由购买本地食物,只要你们相信本地食物质量更好。

本地食物的碳排放量更小吗?

答案是:这得分情况。本地食物从农场到消费者的距离更

新鲜蔬菜

Photo by nrd on Unsplash

短，这使很多人相信缩短运输距离可以降低碳排放量，因此本地食物对环境更友好。但是，运输距离更短并不意味着燃料消耗就更少。使用混合动力发动机的汽车行驶 100 英里，消耗的汽油可能比非混合动力汽车行驶 75 英里还要少，这仅仅是因为混合动力发动机能耗更低。同样地，即使某些食品零售商为了运输同样数量的生菜，需要在全美国运输更长的距离（与从本地农场运输生菜相比），他们也有能力负担起能耗更低的卡车，而且大型企业肯定会充分利用卡车的运载量。经济研究服务局曾对各种不同的食物运输体系进行过研究，研究结果显示，对于单位质量食物的运输能耗，有的情况下本地食物更低，有的情况则不是这样。在某些情况下，本地食物运输距离更短，但单位质量的运输能耗却更高。

外地运来的食物的总运输里程也可能更短。尽管本地食物从农场到农贸市场的距离很短，但消费者要走很远才能到农贸市场，而消费者离小卖部却很近。消费者去农贸市场的这段距离就可能会产生很大的碳排放量。此外，私家车的汽油利用率普遍比运输食物的大型货车低，因此减少碳排放最好的方式是让大型货车把不同地方的食物送到小卖部，而不是让每个消费者都开着私家车去农贸市场买菜。

此外，我们如果真的关心碳排放量，就应该关注食品生产中每一个可能产生碳排放的步骤，而不是只关注运输过程。只关注运输过程中的碳排放而忽视其他地方的碳排放，这是荒谬的。实际上，有超过80%的碳排放发生在农场，只有约10%发生在运输过程中。那么即使运输距离更远，在效率最高的地方生产食品（比如泰国的菠萝、新西兰的羊羔）或许可以减少能源消耗，有效降低碳排放量，而且在这些地方生产食品也不见得运输距离就会变长，这得视情况而定。

大型货车停车场
Photo by Nigel Tadyanehondo on Unsplash

要准确分析本地食物是否真的更环保是不可能的，但我们知道，化石燃料不仅会产生碳排放，它也是企业成本的一部分，如果非本地产的生菜更便宜，这是一个好迹象，那说明企业成本更低，也就说明了化石燃料使用更少，从而说明其碳排放量更低。当然，这样的分析也不见得完全可靠，因为化石燃料仅仅是企业生产成本中的一部分，而且碳排放量也不是衡量环境污染的唯一指标。食品价格更低，但碳排放量更高也是有可能的。

购买本地食物可以刺激当地经济吗？

是的，购买进口食品会让现金外流，而付给一个本地农民30 美元购买食物则会让这 30 美元（暂时地）留在你的朋友或邻居手里。购买本地食物，看起来就像助人为乐一样，因为你选择帮助的是你身边的人，而不是一个遥远的陌生人。因此，许多本地膳食主义者认为本地食物更符合伦理道德，因为本地食物给那些你亲近或熟悉的人提供了经济支持。此外，购买本地食物的钱会从一个本地人流向另一个本地人，因此花钱购买本地食物可以刺激本地经济发展。一部关于本地食物的纪录片曾说道，花 1 美元购买本地食物可以使当地的总收入增加 5 美元甚至更多。如果这是真的，那么现代社会的每个人只要花钱购买本地食物就可以变得更富有。这是不是听起来太过于美好而令人难以置信？是的。

科学家关怀联盟（Union of Concerned Scientists）发表的一篇文章曾指出，每花 1 美元购买本地食物，会给当地的总收入额外增加 0.78 美元（除去所花费的 1 美元）——这个数字比上文的 5 美元要保守很多，但仍然不可信。这篇文章里面说的 0.78 美元这个数字来自科学文献，而这篇文献就出自我们的同事之手。如果你去问我们的同事，他们会说 0.78 这个数字是不可信的。因为这没有考虑购买非本地食物也会提高当地总收入。此外，这篇文章还没有考虑消费模式的变化对区域进出口的影响。简单地说，这篇文章不能准确衡量购买本地食物的净效应。让我们对此加以解释。

“刺激经济”的争论是一个经济领域的话题，这与本地食物和非本地食物的质量差异没有关系，因此在这一节中我们假设本地食物和非本地食物的质量是一模一样的。购买本地食物可以刺激当地经济确实是一个经济命题，但缺乏足够的经济理论和证据支撑。

经济学中有一个核心原则，即自愿进行的双边贸易会使交易双方的财富都增加，无论交易双方是两个国家、两个州，还是两个人。经济学家谈论贸易中的财富增长就像生物学家谈论进化论一样：有必然性。在任何时候，如果人们想要同另一地区的人进行进出口贸易却不能的时候，他们两个地区的总财富就会下降。

当地经济刺激理论认为，与其与其他地区的人开展自由贸易，不如与住在几英里之外的人交换商品和服务。不管我们说的是限制所有贸易，限制所有食品贸易，还是限制一部分食品贸易，本地膳食主义者就是想要我们限制贸易，而经济学理论和实践经验都说明这会降低该地区的总财富。

这听起来与我们的直觉有点相悖，因为很多人认为“把钱留在本地”应该是对本地经济有好处的。让我们来讨论两个相反的观点。首先，我们假设把钱留在本地对本地经济是有好处的。同时，我们考虑一种极限的情况（这是最好的检验逻辑假设的方法之一），只与本州的人进行交易对人们更好——因为这是把钱留在本地；只与本镇的人进行交易也对人们更好——因为这是把钱留在本地；那么只与你的邻居进行交易也对人们更好——因为这也是把钱留在本地；我们接着极端化，如果你只与你的一个邻居进行交易,或者干脆不与别人进行交易,让你的钱永远留在你的口袋里,这样会提高你的财富水平吗?显然,这限制了你与别人之间的交易机会,这种情况下你不可能买得到平板电脑或者其他科技产品,北达科他州的人也永远吃不到菠萝。这样看来,当地经济刺激理论显然是不合逻辑的。

接着,我们做相反的假设,即反对"把钱留在本地"。从长远来看,一个地区的进口总值和出口总值总是相等的。以美元来计算,美国出口额和进口额是相等的,一个法国小镇的进口额和出口额也会是相等的。哲学家和经济学家戴维·休谟(David Hume)在18世纪就证明了这样的理论,而他的论点又得到了当今的经济学家们的支持(注:国家之所以存在贸易顺差和贸易逆差,是因为计算进出口额的时候没有把投资计算在内)。这意味着,如果你花100美元购买进口食品,这100美元确实离开了你们镇,但会有另外100美元以出口额的形式回到你们镇上。因此,无论你何时购买进口食品,钱最终都会流转回来,留在本地。如果不存在这种平衡关系的话,最终世界上所有的钱都会集中到一个地方,而其他地方的钱都会花光——我们从没见过这样的情况。所以读者们请放心,无论你买本地食品还是进口食品,你们的钱都会留在本地。

这是一个重要的问题，因为有些有影响力的组织仍在鼓动人们购买本地食物。北卡罗来纳州立大学的推广服务部门敦促人们购买本地产品以增加就业机会和促进当地经济增长，而这个大学的农业经济学院教给学生的却是相反的观点。迈克尔·波伦曾提议强制学校购买其周边100英里以内地区生产的一部分食品，虽然我们知道学校肯定会从周边地区购买食品，但是如果强制要求学校不从其他地区购买食品，这会影响学校利用有限的预算购买健康的食品。如果本地的食品真的更便宜和更健康的话，学校肯定自己早就在购买本地的了。美国前总统奥巴马在任时的农业部长曾经甚至说过，在一个理想的世界里，任何地区都不需要进口或出口任何商品——这个说法完全违背了基本经济原理。任何相信“理想世界”的人、相信得克萨斯州洛克尼镇可以自己生产平板电脑或者糖的人，都没有基本的经济常识。

> 在一个理想的世界里，任何买、卖以及被消费的商品都会是本地生产的，因此，在这样的世界里，经济将会受益于……
>
> ——汤姆·维尔萨克(Tom Vilsack)，美国农业

部前部长,《汤姆·维尔萨克:农业部的新形象》,载《华盛顿邮报》,2009年2月11日

除了食品质量之外，还有其他购买本地食物的原因吗?

近年来,本地膳食主义者已经不再声称本地食物更环保、更有利于当地经济。但他们仍然声称本地食物更好,只是他们的这种观念没以前那么强烈了,而且他们也转而谈论本地食物的其他特征。本地菠菜与外地菠菜质量一样,但其价格更高、碳排放量更大,并且对当地经济没有促进作用,即便如此,我们仍然要鼓励人们购买本地食物,因为本地食物与我们的文化有关,与我们对待食物的态度有关。

本地膳食主义运动不仅是为了更好地购物,也是为了改变饮食文化。本地膳食主义者希望我们能仔细想想自己购买的产品及其产生的影响,希望我们对农业和食物本身有更大的兴趣,希望我们除了考虑自己吃什么,还要考虑学校里的孩子们吃什么。他们希望我们像特兰西瓦尼亚地区的人们一样仔细考虑我们购买食物的行为会带来的后果。他们的目的不是让

我们从本地采购所有的食物，只要购买一部分本地食物就行。本地膳食主义者相信，如果人们这样做，那么现代社会的人们的食材将会更加健康。他们很可能是正确的。

我们现在谈一谈威尔·艾伦(Will Allen)，他是一名退役的职业篮球运动员，他发现有些邻居买不到价格合适、新鲜又健康的食品。为了解决这个问题，他成立了一个组织，建造起专门为社区生产有机蔬菜的温室。这不是商业行为，这是为了让人们了解农业和健康食品而建立起的非营利组织。在对艾伦及其粉丝的采访中，他们表示这样做不是为了推广本地食物，而是为了让那些不了解新鲜蔬菜的人尝一尝“真正的”黄瓜、菠菜和西红柿是什么味道。

> 城市居民对食品产地、食品质量的关心——他们对有毒食物、土壤流失、污染问题等的担心——这是一件好事……如果在这项运动中我们只关心“食物是不是本地生产的”，那么这就不会引起大多数人的共鸣。我们要更多地讨论文化改变和土地利用等问题。
>
> ——玛丽·贝里(Mary Berry)，贝里中心(Berry Center)执行理事，《梅奥公司》(*Moyers & Compa-*

ny)中的一集，“玛丽·贝里正在掀起一场土地革命”，2013年10月3日

从某种意义上来说，本地膳食主义者真正想做的是，在全人类范围内复制“特兰西瓦尼亚模式”。他们认为，如果我们能像特兰西瓦尼亚人一样热爱农业并对食物生产过程感兴趣，我们的饮食会更健康，我们会更爱惜食物，而且我们会成为更好的土地管理者。对于认同这种观点的人来说，本地食物或许值得更高的价格。然而，这种观点不是强迫人们购买本地食物的理由。幸运的是，大多数本地膳食主义者更倾向于用劝导的方法而不是强迫大家购买本地食物的方法；并且考虑到人们对农贸市场越来越感兴趣、社区型农场越来越多等，本地膳食主义者已经成功使得人们更关心自己所吃的食物了。

8 关于牲畜的争议

牲畜的幸福感

你如何定义动物福利?

大多数人是杂食者,由于他们对农场饲养的牲畜具有同情心,因此他们希望牲畜能够活得比较愉快——或者至少不要遭受痛苦。我们的研究表明,31%的美国人相信牲畜拥有灵魂,64%的美国人相信上帝希望人类成为牲畜的好管家,只有28%的美国人认为牲畜的感受不重要。消费者在购买食品时表达自己的对牲畜的利他主义;公民们通过投票来表达这种关心;农民和食品加工商表达这种关心的方式则是通过购置更好的仪器设备以减少动物应激,这些都正如坦普尔·格兰丁(Temple Grandin)博士所设计的设施和设备[在HBO(Home Box Office,美国家庭影院电视网)以她的名字命名的电影中有描述]那样。同理心是农业科学家们一直关注的问题,因为他们不但要保证食品价格合理、充足而又安全,还要设法提高动物福利。

在19世纪,人们对动物的关注使得一些动物福利保护组织陆续成立。第一个动物福利保护组织是在英国成立的,美国人受此启发，在1866年成立了“防止虐待动物协会”。这个组织很快就说服政治家通过了一部关于通过铁路来运送牲畜的法律。这部法律开创了动物保护行动的先例。

在19世纪，一种新的道德哲学——功利主义兴起，这改变了知识分子看待动物的方式。大部分读者认为这是巨大的进步。17世纪著名的哲学家笛卡尔认为动物只不过像机器一样，它们毫无情感。他的随从会当众鞭打动物，并且嘲笑那些同情动物的人。直到1823年，哲学家杰里米·边沁提出了他的功利主义概念，认为动物的痛苦也许跟人类遭受痛苦时的感受一致。他的这种观念过了一个多世纪才影响了人们对动物的看法，这种改变在动物保护者和农业科学家的作品里面得到了体现。

> 总有一天，动物会获得那些权利，并且除非施行暴政，这些权利是不会被轻易剥夺的……但是，一只成年的马或者狗要比刚出生一天、一周，甚至一个月的婴儿更理性、更懂得沟通。如果事实并不是这样，那又会是怎样的情况呢？问题的关键不在于动物会不会质疑，也不是它们会不会说话，而是它们会不会

遭受痛苦。

——杰里米·边沁,《论道德与立法的原则》第二版,伦敦:皮克林,1823 年,第 17 章

边沁的功利主义哲学认为人们应该提出公共政策来最大化动物的福利、最小化动物遭受的苦难,这样的思想给了彼得·辛格(Peter Singer)很大的启发。在辛格的著作《动物解放》(*Animal Liberation*)中,他用功利主义哲学的观点论证大多数牲畜饲养方式都是不道德的,因此消费者应该停止购买和食用这样的食品。他的这本书,以及露丝·哈里森(Ruth Harrison)的《动物机器》(*Animal Machines*)在 20 世纪 60 年代和 70 年代掀起了一场关于动物福利的争论,这场争论至今仍在持续,接下来的章节将讨论这一问题。

《动物解放》一书并没有要求人们吃素食,辛格的功利主义观点认为如果人类能用更人道的方式对待牲畜,那么饲养牲畜作为食物是合乎伦理的。在他与吉姆·梅森(Jim Mason)合著的《我们吃饭的方式》(*The Way We Eat*)一书中,辛格给读者展示了各种各样的农场,帮助读者理解什么是人道的和非人道的食物。尽管他常常被看作极端的动物保护主义者,但他的

总体哲学观点和大多数美国人的看法是一致的：牲畜应该得到更人道的对待方式。他与大多数美国人不一致的是他对于“人道”的定义。

对于同一种对待动物的方式，为什么有的人认为是人道的，而有的人认为是不人道的呢？造成这种分歧的部分原因是没有人真的知道动物的感受。动物的感受只能通过人类的常识、生物学监测以及动物行为等推断，但根据这些信息会得出截然不同的结论。关于如何衡量动物福利水平，目前已经形成了三个主要的流派：①身体机能导向型；②感受导向型；③天性导向型。这些流派针对自20世纪以来人们广泛争论的动物福利问题建立起各自的理论框架。这些流派不争论谁的衡量方法更具法律意义，因为所有这些方法都被认为是衡量动物福利的有效方法。不过，这些不同流派也有观点相同的地方，而且很多时候，根据每个人的哲学观念、生活经验、文化和社会背景的不同，不同的人会侧重不同的流派。归根结底，如果动物保护主义者能结合每个流派最合理的部分，那么对动物是最好的。

大多数人想要理解现代牲畜业是有些困难的，不过如果你有宠物的话，理解起来要容易一点。因此，我们将以宠物狗为例，帮助读者理解牲畜是如何被饲养的，以及人们为何要这样饲养牲畜。

人们往往十分关爱自己的宠物。许多烟民说他们更愿意为了自己的宠物而戒烟，而不是为了自己的健康。有的律师认为在法律层面，宠物应该被视作家庭成员。有些基督徒甚至会给自己的宠物进行洗礼。人们可能不会对牛、鸡、猪产生这种情感，但在某些方面，人们似乎能够感同身受。

宠物狗
Photo by Jack Brind on Unsplash

许多宠物狗的主人会根据宠物狗的品种、年龄和体型这些因素来科学定制狗粮，以此表达对宠物的爱。此外，他们会定期带宠物去看兽医，以检查宠物的身体是否健康。这其实就是“身体机能导向型”流派衡量动物福利的做法。

同样地，农场主也会尽力使他们饲养的牲畜保持健康，这样它们才能健康成长并繁殖后代。近年来，宠物食物越来越精致和专业化，有一个品牌甚至将其名字命名为“科学饮食”，以此宣扬自己的专业性。不过，农场里面牲畜饲料的制作过程可能确实更加科学了。我们去了一个奶牛场观察奶牛饲料是如何配制出来的。除了主要喂食干草和青贮饲料以外，农场主还会给奶牛喂食大豆、酵母、玉米粥、矿物质，以及其他的人类无法食用的东西，否则这些东西就会被填埋。各种成分所占的精确比例是由营养学家根据牲畜的营养需求用电脑计算出来的，因此某种意义上说，农场的奶牛吃的食物远比宠物吃的更科学和健康，甚至比人类自己吃的都更科学和健康。本书的其中一位作者曾经在奶牛农场工作，他们会在奶牛脖子上套上一个项圈，当奶牛通过饲养棚的时候，项圈就会激发电脑控制的喂养器，这能准确地给奶牛送来规定的食物，每次奶牛进食的时候，项圈都会记录，因此如果有奶牛没有进食，农场主很快就可以发现(从是否进食的角度也可以监测奶牛是否生病,或者是否需要其他特殊照顾)。

怀孕的母猪面临的最大的威胁之一就是其他母猪。母猪会为了食物、水、空间这些资源而打架,这会对母猪的身体和心理都造成伤害。强壮的母猪会因此吃得太多,而弱小的母猪又吃得太少。农场主在饲养母猪时,会像对待奶牛、公猪一样,给母猪戴上项圈或者耳标,并且配置一次仅供一只母猪进入的自动喂养栏。这会保证母猪可以安心进食,不会遭受其他母猪攻击,同时也保证了母猪不会进食太多或太少。

家禽饲养过程中的动物福利关怀策略也在发展之中。过去,为了使群养的母鸡换羽(用于促进母鸡产蛋的羽毛自然脱落过程)时间同步,饲养员往往会让母鸡饿上 5～14 天。自 20 世纪 80 年代开始,让母鸡挨饿从而促进其换羽的做法引起了很大的争议,因此发展出了其他很多促使母鸡换羽的方法。现在,通过调节母鸡的食物结构和饮食习惯就可以使母鸡换羽,从而避免了母鸡挨饿。

我们重新把视线转回到宠物狗和它们的主人身上。狗主人为了避免宠物狗太热或者受冻,会把宠物狗养在家里或者犬舍里;为了避免宠物狗身上长蠕虫、跳蚤或蜱等,狗主人会尽量让宠物狗的居住环境保持干净,同时宠物狗还会定期吃药以避免受寄生虫侵扰。同样,现在大多数的猪和鸡都是在室内饲养的,室内饲养可以给它们提供温度舒适的环境,可以保障牲畜免受捕食者的侵害,还可以减少疾病的产生。现在的奶牛会定期服用药物以驱除苍蝇、跳蚤、虱子或蜱等的侵扰,而且农场主还会定期清理奶牛和鸡的饲养环境。

如果你没有亲自到农场里待过一段时间,那你应该把你对

散养鸡

Photo by Brooke Cagle on Unsplash

农场的那些陈旧看法统统抛弃。现代农场是高度专业化、技术化和科学化的企业。如今，有些奶牛甚至吞服记录体温的“胃胶囊”，如果奶牛发烧的话，农场主会迅速收到警报。农场主的手机上还可以安装相关的应用程序，用来收集各种天气信息，并且在牛舍过热时接收提醒。动物在其身体机能的需求得到满足时往往表现得很正常，这正好是农场主们所关心的，因此畜牧行业已经成为“身体机能导向型”流派的专业领域。

但是对有些人来说，仅仅满足动物身体机能的需求是不够的。大多数狗主人都支持“感受导向型”流派。他们发誓自己看得出来宠物狗是悲伤还是害怕，这个时候宠物狗就需要狗主人给以呵护和安慰。尽管狗主人可能并不是特别情愿，但如果狗在门前呜咽，狗主人可能会带着宠物狗出去散步；如果感觉到狗无聊，狗主人可能会放下手中的事来陪狗一起玩。

有的人可能会说农场饲养的牲畜太多了，肯定无法顾及所有动物的感受，而且动物的情感也无法用科学手段准确衡量。是的，农场主的确不可能了解每头猪或者奶牛的感受，但他们又确实在乎动物的感受，而且动物对生存环境的感受是可以通过科学手段间接测量的。例如，动物的精神压力状态是与某些激素的分泌水平相关的。比如，一只离群的羊会处于焦虑状态，这时它的皮质醇浓度会升高。因为建造牲畜居舍花费很大，所以农场主会让尽量多的猪挤在一个猪舍里，但农场主不会让猪舍拥挤到伤害猪的情绪的程度。在实验中，动物科学家会将猪分成不同的组，每个组的饲养密度不同（不同组里的猪平均占有面积不同），然后测量每个组里面各头猪的皮质醇浓度，因此在饲养密度的问题上，人们可以找到一个既节省农场主开支又保证猪不会紧张的平衡点。

另一个推断动物精神状态的方法是给动物提供选择，观察

圈养猪

Photo by Suzanne Tucker on Unsplash

动物自身是如何选择的。这些选择实验甚至教会了动物通过“付钱”来获得某些东西，这里说的“付钱”不是真的付钱，而是表演某些动作。动物表演的次数越多，就相当于付的“钱”越多。因此我们不仅是在测量动物更倾向于何种选择，也是在测量动物愿意为该选择付出多大代价（例如，测量它们获得某种资源的动机）。比如，从实验中我们知道了鸡在下蛋时对巢的渴望，为了得到一个下蛋用的巢，它们愿意从一个很小的洞中挤过去。即使你提高入巢的“代价”——把那个洞缩小，但只要那个洞理论上还挤得过去，鸡就会去挤。对猪而言，我们从实验中知道它们对食物和同伴都充满了渴望。因为猪在实验中为了这两种资源愿意压很多次杠杆。不过对猪而言，食物比同伴重要，因为它会为了食物压更多次的杠杆。

科学家们研究动物情感偏好时使用了实验和数学模型的方法，这个数学模型与经济学家研究人类情感偏好时使用的模型一致。有的经济学家甚至把动物和人类放在一起研究“幸福感总值”和“悲痛感总值”，这相当于实现了杰里米·边沁和彼得·辛格长久以来倡导的观点：把动物的情感需求当作人类的情感需求来对待。因此，农场主也像宠物狗主人一样在照顾动物的情感——只不过是以一种更专业的方式。

说完了动物关怀运动中“身体机能导向型”和“感受导向型”两种流派。我们最后来说说“天性导向型”流派。这种流派的观点认为只有当动物可以表达自己的天性，并且生活在自然环境中时，才会感觉到满足和舒适，如果这个条件没有被满足，动物就会紧张、压抑。几乎所有宠物狗的主人都知道，遛狗很重要的一个部分是让宠物狗闻闻其他狗的粪便和尿液。虽然这个行为没有任何实际意义，但这仍然是狗能快乐生活的基本要求之一。宠物狗还喜欢拔河游戏、追逐松鼠、在陌生人面前保护自己的主人，所有这些都是它们的野生祖先曾经必不可少的行为。

就像狗一样，牲畜也有符合自己天性的行为，即使这些行为可能不能带来实际的好处。鸡喜欢在沙地里刨食，即使它的饲料槽里装满了食物；鸡还喜欢用沙土“沐浴”，即使它身上没有寄生虫。猪喜欢用鼻子在泥地里乱拱，还喜欢在泥地里打滚。牛在炎热的夏天喜欢待在阴凉处，而且喜欢群居生活。

农场主承认牲畜的这些天性的重要性，当这些天性能带来经济回报时，他们也十分愿意满足这些天性。例如，下蛋的母鸡不住在冰冷的笼子里，而是被安置在有树枝、可用来洗沙浴的沙土的笼子里，如果消费者愿意额外付钱的话，母鸡还可以有单独的巢箱。此外，有的农场主会将猪带到室外活动，如果是在室内,则会提供木屑给它们挖掘。农场主很少单独饲养成年奶牛,会让奶牛群居,并且会在合适的时候给奶牛提供阴凉处以及牧场。

关于动物福利的争论是什么?

即使是最慈爱的狗主人也不会保证能永远给狗带来快乐。有的时候,狗主人需要在两件能让狗快乐的事情中做出取舍。比如,狗主人马上就要出门上班了,但狗却想去被栅栏围起来的后院里玩耍,如果这时候把狗放出去,狗就需要在外面的低温下待一天。为了避免狗受冻一整天,主人拒绝满足狗想要出去玩的需求。又比如,狗变得太胖了,狗主人开始控制它的饮食。狗自然是想放开了吃,但为了狗的长远健康着想,狗主人拒绝满足狗对食物的暂时需求。

出于同样的原因,农场主有的时候会为了牲畜的某些利益而牺牲它们的另一些利益。猪舍往往是用水泥建造的,这让猪拱土、在泥地里翻滚的需求得不到满足(尽管夏天的时候猪更喜欢水泥猪舍)。不过水泥猪舍细菌更少,这可以改善猪的健康状况(由此增加了猪肉的安全性)。下蛋的母鸡有时候被饲养在小铁笼子里,笼子里只有几只鸡,这没有满足鸡对树枝、沙土的需求,但如果允许母鸡在有几千只母鸡的谷仓里自由活动，母鸡之间会相互攻击，会造成母鸡受伤或死亡。母鸡还喜欢在室外活动，自己找找昆虫吃，但农场放养母鸡的死亡率非常高(高达约25%，相比之下，圈养鸡的死亡率仅约3%)。的确，农场的奶牛不能在牧场吃草，但在农场它们可以吃到比草更好的饲料，而且可以得到更高频率的个性化关注。

有的情况下，你必须在你的快乐和狗的快乐之间进行选择——当然，有的时候你会选择满足自己的需求。狗想要出去散步，但你很累了，而且你最喜欢的电视节目刚刚开始。狗想要去后院玩耍，但你现在没那么多钱修理后院的栅栏。甚至有的宠物因为治疗手术费用太高而被执行安乐死。

同样地，大多数消费者不会为了满足牲畜的所有需求而支付额外的费用。如果农场主必须以最实惠的价格出售农产品，那么农场就必须经营得更有效率，从而导致农场主必须牺牲一些动物福利。比如，有的养猪场会满足猪的大多数需求，包括卫生的环境、与攻击性强的猪分隔、可供探索的空间、可供挖掘的覆盖物等。但很少有养猪场会这样做，因为这会导致养猪成本上升约30%，而且很少有消费者愿意为此买单。目前，在美国，美国蛋农联合协会和美国人道主义协会发起了一项活动，旨在将养鸡场中所有的小型鸡笼改为富集型鸡笼。他们希望通过游说美国联邦立法机构在全美立法以实现这一诉求。毫无疑问，母鸡在富集型鸡笼中会生活得更愉快，但这会使产蛋成本上升约12%，如果消费者愿意为此买单，那么即使不立法，蛋农也会主动使用富集型鸡笼。大多数消费者、农场主、宠物主人都希望动物的生活更美好，但他们愿意为此支付的金钱是有限的。

畜牧业实践和医疗程序

在动物最需要何种生存环境以享有最佳福利这一问题上，

散养的猪

Photo by Kapa on VisualHunt

人们并没有太多争议。有争议的地方在于，很少有人愿意为满足所有这些生存需求的环境买单，因此有关动物福利的争议就变成了动物的哪些需求可以牺牲。表 8.1 展示了一些例子，列举了各种各样的医疗程序，这些医疗程序一方面涉及疼痛和压力，但另一方面对动物和消费者都有好处。

表 8.1　农场牲畜管理条例示例

种类	管理内容	具体操作	操作开展时间	操作开展目的
牛	奶牛尽早断奶	将牛犊与母牛分离	牛犊出生后 48 小时	允许奶牛生产的牛奶进入食品供应系统；用其他食物替代牛犊要喝下的牛奶
	阉割公牛	对于不是用于育种的公牛，摘除睾丸	奶牛犊：出生后 3～4 周；肉牛犊：出生后 10～13 个月	阉割后的公牛管理起来更安全、更容易；避免母牛计划外的怀孕
	修剪母牛尾巴	剪掉或剪短母牛尾巴末梢	给牛犊断奶之后数周，或生育之前数周	挤奶时，工人更易靠近母牛的乳房
	摘除牛角	摘除牛角来阻止牛角生长	奶牛犊：出生后 1～6 周；肉牛犊：出生后 2～12 个月	保证牛和养殖人员的安全
	动物标记	给牛在耳朵上戴上耳标，或者在皮肤上打上烙印	（牛犊）出生之后立即执行，或送达农场时立即执行	区分不同个体

续表

种类	管理内容	具体操作	操作开展时间	操作开展目的
猪	修剪尾巴	剪去1/3~1/2的尾巴	出生后3天~8周	防止猪用尾巴鞭打同类
	摘除牙齿	摘除仔猪的犬牙	出生后3~8天	防止同窝的仔猪以及母猪的乳房受伤
	阉割公猪	对于不是用于育种的公仔猪，摘除其睾丸	出生后3天~8周	避免猪肉有膻味，降低公猪的攻击性
	动物标记	在猪耳朵边缘剪出一个小三角形	出生后3~8天	一种便宜的，并可以永久性地区分不同动物个体的方法
家禽（鸡和火鸡）	修剪鸡喙	上喙剪掉不超过1/2，下喙剪掉不超过1/3	出生后1~10天，或者16~18周	避免互啄，伤害同类而导致皮毛受损和脱落
	去除公鸡的部分爪子	去除育种公鸡内侧脚趾的最后一个关节	出生后1~3天	避免交配时公鸡伤害母鸡

读者们可能对某些广告中的黑白奶牛很熟悉。下一次你在观看类似广告的时候请注意，上面的奶牛应该是没有牛角的。这不是因为这个品种的牛生来就没有牛角，而是因为农场主通过手术将它们的牛角摘除了。摘除牛角对牛来说是很痛苦的，而且常常不打麻醉剂，但是摘除牛角可以避免

奶牛互相攻击或者伤害养殖人员。养殖场的公猪都会被阉割，因为不经阉割的公猪肉质不好，而且阉割可以降低公猪的攻击性。鸡的喙是一种武器，成年母鸡会变得非常暴躁，因此在母鸡很小的时候，人们就会修剪它们的鸡喙。以上所述都是在动物的各种福利之间进行取舍的例子，显然不是每个人都认为这样取舍是合乎道德的。

有些动物福利的争论是关于某些饲养程序是否必要的。比如说，有些奶农过去会定期剪掉奶牛的尾巴。近段时间的研究表明这样做并没有多大好处，因此大多数奶农不再剪掉奶牛的尾巴了，甚至在美国好几个州（如加利福尼亚州、罗得岛州、新泽西州、俄亥俄州等）、欧洲一些国家（如丹麦、德国、瑞典等），以及澳大利亚的某些州，剪奶牛尾巴的行为已经被明文禁止了。欧盟已提议从 2018 年起全面禁止阉割公猪的行为。除了对程序的必要性有争论以外，人们还对程序的执行方式有争论，比如阉割是不是应该在使用麻醉剂的情况下进行——欧盟就强制规定在猪出生 6 天之后的阉割需要使用麻醉剂，虽然人们并没有完全遵守这个规定。

饲养模式

尽管关于牲畜饲养过程中饲养手段的争论仍将继续，但关于动物福利最重要的争论集中在牲畜的饲养模式上，这可能是因为消费者普遍不喜欢看到牲畜被饲养在狭小、冰冷的铁笼子里。例如，在美国，养鸡大多数都是使用层架式鸡笼，在层架式鸡笼中，鸡被饲养在狭小的铁笼子里，正如表8.2所显示的那样。层架式鸡笼中用的铁笼子可以让鸡的粪便掉到最底下的运输带上，这样可以保证鸡笼的清洁，同时因为每个铁笼子里面只有几只鸡，鸡之间的打斗可以减少。不过，层架式鸡笼在欧盟以及美国的三个州已经被禁止使用了。禁止使用层架式鸡笼可以改善鸡的处境吗？这取决于用什么来取代层架式鸡笼。如果取而代之的是富集型鸡笼，那么，多数人会认同鸡的生存环境改善了，但是如果取代层架式鸡笼饲养的是无笼式饲养（例如，大型鸡舍饲养或者散养），人们对于这种情况下鸡的健康问题的看法仍然存在分歧。有的人认为，散养情况下，鸡能有足够的空间去活动、觅食和表达天性，这样，即使散养提高了鸡的死亡率也是值得的。但有的人认为散养反而使动物福利减少了，因为散养条件下，鸡可能被捕食，同类之间会打斗或啄羽，鸡会暴露在寄生虫和疾病面前，疾病传播会加剧，死亡率会上升，以上这些因素在衡量鸡的生存体验和饲养模式的时候都不应该被忽视。

表 8.2 饲养模式的争论

饲养模式名称	饲养牲畜种类	在牲畜的哪个生命阶段使用	使用这种饲养模式的理由	
			优点	缺点
层架式鸡笼	下蛋母鸡	一直（共 18～24 个月）	卫生； 免受掠食者捕捉； 避免同类互啄引起的伤亡； 容易观察，以便提供治疗； 经济上更高效	空间狭窄到几乎无法移动； 限制了鸡的天性，如在沙土里打滚、行走、觅食、筑巢、摆动翅膀、伸展身体、抖动身体、摆动尾巴、群栖； 降低了骨骼强度
妊娠舍	怀孕的母猪	怀孕期间（约 115 天）	减少怀孕母猪之间相互攻击； 避免互相争夺食物； 避免过热或过冷； 方便提供医学护理； 经济上更高效	母猪不能随意走动或转身； 没有舒适的休息场所； 母猪太无聊会导致刻板行为（奇怪的重复性行为）

续表

饲养模式名称	饲养牲畜种类	在牲畜的哪个生命阶段使用	使用这种饲养模式的理由	
			优点	缺点
分娩笼	母猪	生产和护理期间（约20～30天）	避免小猪被母猪挤压； 使母猪可以持续生产； 为仔猪提供温度舒适的环境； 地面干燥整洁； 人们更容易帮助母猪分娩； 避免母猪互相争夺食物； 经济上更高效	母猪不能随意走动或转身； 没有舒适的休息场所； 母猪太无聊会导致刻板行为（奇怪的重复性行为）

关于母鸡对自己所处的饲养环境的感受，这样的分歧几乎不可能达成一致，因为无法衡量在某种饲养方式下母鸡是更快乐还是更痛苦。然而，将放养的母鸡与圈养的母鸡进行对比，开展行为实验，并进行偏好测试（比如栖木、独立巢箱、增加空间等资源），这可以帮助人们深入了解母鸡喜不喜欢饲养环境（它们生活在特定的生活环境或者获得特定资源的积极性）。这些行为科学手段可以给我们提供一些间接的信息，以便更好地理解母鸡对其饲养环境的感受。虽然衡量母鸡福利的方法很多，但很明显，评估母鸡的福利十分困难，而且有众多影响

因素。

接下来，本书作者会再一次将牲畜与宠物进行对比，用以说明人们在衡量动物福利待遇时有不同的优先级——这种使用宠物进行类比的方法是由加利福尼亚大学戴维斯分校的动物福利和行为研究专家乔伊·门奇(Joy Mench)博士提出的。这个比喻描述了一只宠物猫坐在家里的窗户前，渴望着出去探索、捕食、守卫自己的领地。有的猫主人知道猫的这种天性对于猫的心理健康是十分重要的。但是外面会有车辆、捕食者、

宠物猫
Photo on VisualHunt

其他猫、寄生虫、疾病和极端天气等状况，值得让猫去户外冒险吗？这取决于猫主人更看重什么：让猫在户外表达自己的天性，还是让猫在室内保证它的安全？把猫留在室内可以将户外因素导致的受伤、感染疾病、死亡的风险降至最低，但有的猫主人愿意为了让猫充分表达自己的天性而冒这种风险。两种类型的猫主人心里想的都是为了猫好，只不过他们的侧重点不同。

猪可能是最难管理的牲畜品种之一了。圈养马和牛的围栏对猪来说完全没用，它们可以在很短的时间里把一块平整、青翠的土地变成像发生了世界大战一样。母猪特别固执，有的时候把它们从一个地方移到另一个地方都要花上很多的时间和精力。如果把母猪养在有铁栅栏和条缝地板，并且空间窄到让母猪不能转身的饲养棚里，那喂药、助产和人工授精（规范操作）都会简单很多。这样的饲养棚叫作妊娠舍，是用来饲养怀孕但尚未生产的母猪的。分娩笼同样很狭窄，也是为了防止母猪转身，但分娩笼给了母猪一定的空间和保护，使母猪可以调整喂奶姿势。这些饲养棚使猪农能够更方便地单独喂食和照顾母猪，而且避免了母猪之间相互打斗。虽然这些饲养棚给母猪和猪农带来了这些好处，但母猪在棚内无法转身和行走，这显然会使母猪感到压抑。如果猪农不使用妊娠舍的话，那么他们大多数会使用圈养围栏，圈养围栏就是可以喂养很多母猪的铁栅栏，母猪可以在铁栅栏里自由活动，不过，想要获得食物和空间就得看最厉害的那些母猪的"脸色"。那么母猪在圈养围栏里面活得更好了吗？那取决于在打架中受伤和为了食物而斗争是不是比更大的移动空间更重要。

所以，这都取决于用什么饲养场所来替代妊娠舍，以及这种替代场所如何更好地保护母猪免受伤害行为问题、健康损害、死亡和其他对母猪造成负面影响的环境问题。依据牲畜的幸福感指标改变对牲畜的饲养方式，有的时候只是做了一个横向变动，因为新的饲养方式仍然有优点和缺点，但建造新的饲养环境、培训员工使用新的饲养工具都会产生额外的开支。有的人认为这样是值得的，但有的人认为这样不值得。

我们来考虑一个具体案例，这是我们其中一个作者的毕业论文的一部分。这个案例讨论的是以食用为目的而饲养的公奶牛。因为牛犊刚出生的时候就被从母牛身边带走了，因此牛农必须做所有母牛的工作。牛犊在这个年龄是很脆弱的，非常容易感染疾病，因此它们必须要有一个卫生的环境。其中一个可供选择的饲养环境是有条缝地板的饲养棚，在里面的牛犊的粪便可以从条缝落下去，因此将牛犊与其粪便进行了分隔，减少了寄生虫和疾病的威胁。不过，这种饲养棚的地板对于牛犊来说有些硬。另外一种饲养棚是带有寝具的，比如稻草或者木屑，不过这种条件下就不能将牛犊与其粪便分隔开。牛犊或许更喜欢有稻草或木屑的环境（当然，这也得看气温），但这自然会增加牛犊与粪便、细菌接触的机会，从而可能会加大牛犊感染疾病的风险，因此我们不能简单地只看牛犊的喜好。

该作者的这项研究可以测量有寝具的饲养棚可能使牲畜患病概率增大多少。比如，这可以定量测得不同饲养棚里空气中的细菌浓度，发现有寝具的饲养棚里空气中的细菌浓度是条缝地板饲养棚的两倍多。不过这项研究不能证明一种饲养环境比另一种更好，因为两种环境都有各自的优缺点。这项研究的目的只在于指出哪些地方可能会降低牲畜的幸福感，以指导人们在现在和未来的饲养方式中预防这些问题。

这样的研究偶尔会定期带来实质性的进展，而上面的研究也确实如此。除了将有寝具的饲养棚与条缝地板饲养棚比较之外，该作者还引进了第三种饲养方式，其饲养环境中使用了一种能够降低牲畜居住环境 pH 的添加剂，以达到改善居住环境卫生条件的目的。从此次研究和以往的研究来看，这种添加剂确实减小了空气中的细菌浓度，甚至还降低了苍蝇的存活率，这为改善牲畜的居住环境提供了新思路。

对待方式

在讨论动物福利的时候，我们还必须讨论人们处理、限制、管理和运输牲畜的方式。坦普尔·格兰丁博士是一位全球知名的动物科学家，任何一个看过美国家庭影院电视网制作的关于她的传记电影《坦普尔·格兰丁》的人都知道，她曾设计了一种既可以减小动物生存压力，又方便养殖人员操作的动物饲养设施。她比任何人都更懂得动物的感受，她敏锐的洞察力帮助她在牲畜饲养和屠宰设施上做出了革命性的改进。比如，现在学习动物科学的学生都知道各种牲畜的“迁徙路径”，这可以帮助养殖人员更好地引导牲畜前往目的地，从而避免牲畜和养殖人员受到不必要的伤害。相比 30 年前，现在的牲畜养殖人员使用电击棒的频率小多了，他们变得更温和，也更了解牲畜的感受。格兰丁不仅改进了动物饲养的工业设备，更重要的是改变了文化规范，改变了动物认知环境的方式，改变了人们对待牲畜的方式。

与其他动物学家以及畜牧业人士一起，格兰丁制定了一套客观的牲畜养殖审计程序，根据这套程序，养殖公司可以检查养殖过程中的问题,比如地板是否过于湿滑。这使得养殖公司的养殖过程和牲畜福利标准更容易被审计,同时严格遵守这套审计流程也可以让消费者对养殖公司的人性化操作更满意。

有的情况下,标准处理技术在视频中看起来显得可疑或残忍,但实际上该处理技术要精细很多。比如纪录片《轮回》(*Samsara*)中有一个场景,谷仓中有一台机器(指的是机械捕鸡系统)在一大群鸡的旁边运行,这台机器用旋转着的柔软的机械手抓住鸡,然后把鸡送上传送带,养殖人员再把传送带上的鸡装进笼子里运走。

实际上,对于鸡或者养殖人员来说,这个捕鸡系统是很人性化的。如果没有这台机器,养殖场就需要大量的养殖人员进入鸡群中用手抓鸡,在这种情况下,养殖人员通常会把鸡倒挂在手中并且会同时手抓三四只鸡,这需要密集而艰苦的人力劳动,并且对鸡也不友好。无论使用哪种方式,鸡都会感受到压力,但有证据显示,使用上述机器时鸡的紧张程度以及受伤概率都更小。也许将来会研发出更先进的技术来改进这种处理方法,但重要的是我们要不断思考和探索改善动物福利的方式,通过科学研究找到更好的办法。

在视频网站上使用关键词“卧底(undercover)＋调查(investigation)＋农场(farm)”进行搜索时，我们可能会找到大量猪、牛、鸡在农场里被残忍对待的视频。有的视频确实让人难以接受，但通常这些视频里既有残忍的，也有可以接受的日常管理实践。当外行人看到这些视频时，他可能会把这些视频中呈现的所有做法归为“不人道的”，这样的标记会困扰那些不熟悉农业领域的人，并且会模糊有关牲畜福利的讨论。尽管网上曝光的农场里的残忍视频不能代表大多数农场，而且可能会误导观众，但这样的视频说明确实存在不遵守牲畜养殖准则的农场。网上曝光的每一个虐待视频不仅会受到消费者以及动物保护人士的谴责，也会受到牲畜养殖行业的声讨。但这并不表示牲畜养殖行业和动物福利组织会站在同一阵线上，他们仍然会在是否应该和如何饲养牲畜作为食物来源的问题上产生分歧。与以往不同的是，现在几乎每个人都愿意为动物福利承担一份责任。

希望上文已经表达清楚了有关动物福利的争议远不止于动物是否应该被友善对待，这类争议还在于动物应该如何被友善对待。两个不同的人也许都赞同应该对动物保有同理心，但可能在具体操作方式上会有分歧(例如，他们倾向于三种不同的动物福利流派，即身体机能导向型、感受导向型、天性导向型）。尽管农业科学家的职责不是告诉社会大众应该给予动物多少同情，但他们可以——他们也热切希望——发挥建设性的作用，帮助社会大众理解如何给所有动物带来最佳福利。

不过，在如何对待动物的问题上，科学家并不能做太多决定，这些决定是通过农业界、消费者、社会公众、社会团体、特殊利益群体和政策之间的相互作用最终得出的。接下来我们就会讲到这些相互作用。

动物应该被友善对待
Photo by Ben Mater on Unsplash

如何监管农场动物福利?

作为美国的研究人员,我们将主要从美国的监管角度来探讨这一问题,不过读者们需要知道的一点是,欧盟对待农场动物福利比其他任何地区都更为重视。欧盟不断出台新的动物最低福利待遇标准,并要求所有成员国严格执行,而且更为严格的是,欧盟制定的动物福利标准通常都偏向"感受导向型"和"天性导向型",这一点与美国不同。

美国对畜牧业生产的监管往往是以州为单位的。美国的《动物福利法》(Animal Welfare Act)并未涉及农场动物,不过有的联邦法律禁止了不人道的牲畜屠宰方式,并且规定了合理的牲畜运输方式;此外,美国还有一部联邦法律要求农业部部长调研包括牲畜福利在内的许多牲畜养殖问题。总的来说,美国并没有联邦法律规定农场应如何对待牲畜。

有些读者在看美国家庭影院电视网的纪录片《工业农场大屠杀》(*Death on a Factory Farm*)时,可能会首先想到有关猪的福利的争议。这部纪录片是一位在农场卧底的动物权益活动者秘密拍摄的农场的场景。纪录片的一部分场景是有的动物科学家以及兽医能够接受的，比如母猪被放在妊娠舍，公猪被放在水泥地板上，这些都是典型的养猪场饲养方式。不过这部纪录片揭示了绝大部分农场主都无法宽恕的行为，比如饲料供给不足，允许同类相残，通过绞刑对母猪执行"安乐死"等。最终该农场的管理人员被起诉违反了俄亥俄州的反虐待法律的八项罪名。以这样的罪名是很难起诉的，因为美国的动物保护法律往往把牲畜排除在外。比如俄亥俄州法律规定：任何人都不能在没有整套运动设施和换气设备的情况下圈养动物，但这些动物不包括牛、家禽、飞禽、猪、绵羊或山羊等。如果有人在上述情况下饲养狗，他会被判定为有罪；但如果饲养的是猪，他则无罪。

以前，美国农场主可以使用自己喜欢的方式饲养牲畜，不过最近十几年已经有三个州发生了变化，这三个州立法强制鸡农寻找层架式鸡笼的替代品，也有另外八个州已经立法要求猪农不得使用妊娠舍。加利福尼亚州、亚利桑那州、佛罗里达州的公民已经投票通过了一项或者两项禁止部分牲畜饲养方式的提案。加利福尼亚州的"二号提案"（Prop 2）受到了社会的广泛关注，以至于奥普拉·温弗瑞（Oprah Winfrey）的脱口秀节目用了整整一集来讨论这个问题，她甚至还在节目上展示了妊娠舍和层架式鸡笼，以便观众能亲眼看看。俄勒冈州、科罗拉多州、缅因州、密歇根州、俄亥俄州等也通过立法禁止了至少一种不人道的饲养系统。

让我们来看看加利福尼亚州的“二号提案”的部分条款：

> 任何人都不得在一整天或在一天的大多数时间里，在农场中束缚或者限制任何动物(a)躺下、站立和充分伸展肢体；(b)自由转身。
>
> ——节选自加利福尼亚州2008年通过的“二号提案”，2013年11月25日

这项提案刚通过的时候，许多农场主不确定应该怎么遵从，因为这项提案或者美国人道主义协会并没有给出可以让人接受的饲养方式的具体细节。我们还得注意到这项提案并没有禁止笼养。那么放养是唯一合法的饲养方式吗？那如果有笼子(比如富集式笼子)，而且鸡可以在笼子里躺下、站立、伸展肢体和转身呢？美国人道主义协会并没有考虑这些，然后这些分歧导致加利福尼亚州蛋农协会和其他一些团体向法院上诉，要求政府解释清楚“二号提案”所提出的可接受的饲养方式具

体指的是什么。在该提案通过之后,加利福尼亚州本来有可能会从其他州进口笼养鸡的鸡蛋(在该提案通过以前,加利福尼亚州就已经在这样做了),不过后来进口笼养鸡鸡蛋也被禁止了。

美国人道主义协会和动物科学家从未就放养系统达成共识。尽管美国人道主义协会的人认为放养是对鸡来说最人道的产蛋方式,但动物科学家只认同放养以更高的死亡率和受伤率换来了鸡更大的活动空间和天性的表达。在美国,几乎没有任何一位动物科学家可以自信地说放养一定比笼养对母鸡更好,或者,也没人敢说笼养系统就一定比放养系统更好。这是因为每一种饲养方式都有各自的优缺点。

接着,意想不到的事情发生了。人们原本以为笼养和放养的争论似乎即将变得激烈而且旷日持久,结果美国蛋农联合协会(美国最大的蛋类生产商组织)与美国人道主义协会在母鸡饲养方式上达成了一致。2011 年,双方达成共识,并开始游说美国联邦立法机构规定使用富集型鸡笼(以及其他饲养标准),在富集型鸡笼中,母鸡有足够的空间完成“二号提案”规定的活动,并且有栖木、沙土和独立的鸡巢。此外,为美国蛋农联合协会提供建议的动物科学家也都支持这项计划,他们普遍认为富集型鸡笼比层架式鸡笼更能让母鸡展现天性。

为什么这两个对手会达成一致呢？美国人道主义协会可能认为这是有利于母鸡的决定，即使他们一直认为放养才是最佳的饲养方式。同时，这也开了一个先例，即美国人道主义协会可以游说联邦政府出台更多的监管规定。对于鸡蛋生产商而言，他们可能认为政府关于笼养鸡的规定千变万化，与美国人道主义协会达成一致可以减少试探政府意图带来的消耗。同样地，如果这类法案导致某些州的鸡蛋生产成本上升，那么鸡蛋生产商显然希望其他州也这样做——如此一来全美国范围内就统一了。有的鸡蛋生产商甚至建议继续提高动物福利标准，因为这样可以大量降低鸡蛋产量，从而抬高鸡蛋价格，不过目前还没有证据支撑这样的说法。

双方达成了一致，看起来问题似乎已经解决了。美国加利福尼亚州的民主党参议员戴安娜·范斯坦(Diane Feinstein)在2012年5月正式提出了这一提案，但随后其他畜牧业组织开始担心这树立了一个不好的先例，鸡蛋行业的规定可能会导致美国联邦政府开始针对其他畜牧养殖行业立法。当鸡蛋生产商和动物保护组织看起来刚刚要达成一致时，其他牲畜养殖商也加入了这场辩论，因为鸡蛋生产领域的争议如何解决会影响猪肉等领域的争议。不过在撰写本书时，关于鸡蛋的争议尚未解决。

> 美国人道主义协会推动的立法将会开启一个危险的先例，有此先例，华盛顿的官僚们将会规定我们该如何饲养和照料我们的牲畜……我们不需要，也不想要联邦政府和美国人道主义协会来教我们如何做好我们的工作。

目前关于鸡蛋的争议尚未解决

Photo by Rebekah Howell on Unsplash

——道格·沃尔夫(Doug Wolf),美国猪肉生产协会主席,《家畜组织将美国人道主义协会的提案等同于政府接管农场》,网络新闻,2013 年 1 月 24 日

其他行业的养殖户可能会反对联邦政府关于鸡蛋生产的立法,因为他们认为制定“一刀切”的联邦法案可能导致:①剥夺养殖户选择最合适的饲养方式的权利;②让养殖户更难应对消费者的需求和选择;③抬高食品价格;④对现有的补缺市场和小规模的养殖户造成消极影响;⑤因为公众安全和动物安全之外的原因,将预算使用的范围由加强食品安全、提高美国的竞争力转向规范农场操作程序。因此,其他养殖行业担心鸡蛋行业达成的协议会开启一个“危险的先例”,从而影响到自身行业的未来发展。除了上文列举的原因外,其他养殖行业还担心美国人道主义协会、善待动物组织等动物权益组织可能会对农场的各种实践活动发号施令,他们这么做的最终目的是要求人们停止食用动物,这与食品生产商的观点大相径庭。

想要理解为什么猪肉生产商可能反对联邦政府关于鸡蛋生产的立法,可以考虑以下两个重要事实。首先,虽然美国已经有八个州(或者准确地说是未来确定有八个州)禁止使用妊

娠舍，但这些州饲养的生猪数量都相对较少。其次，养猪比较普及的州，一般都有州法律保护妊娠舍免于被废除。生猪数量较多的州都已经有法律禁止限制使用妊娠舍，或者要达到非常严苛的要求才能发起废除妊娠舍的投票。因此，妊娠舍在这些州似乎不可能被废除，其在各个州的法律层面都是安全的，但养殖户希望妊娠舍在联邦法律层面也能不受监管。

不过，目前美国的猪肉行业正面临来自零售商的压力。克罗格、赛百味、麦当劳、丹尼斯、塔吉特、西斯科、奥斯卡·迈亚、康尼格拉等公司都已经表示将会从不使用妊娠舍的养殖户那里采购猪肉。妊娠舍确实可以降低养殖成本，但使用圈养围栏只会使零售猪肉的生产成本增加约2%。因此，美国的一些养猪场开始自发地由使用妊娠舍转向使用群体猪栏，猪肉生产商史密斯菲尔德食品公司表示，多年前该公司就已经采取了这样的措施。这并不意味着妊娠舍将迅速成为历史，因为动物科学家们还远未达成共识，认为圈养围栏更好。有的动物学家，比如伊利诺伊大学(University of Illinois)的贾宁·萨拉克-约翰逊(Janeen Salak-Johnson)教授就直言不讳地说道，应该如何养猪的决定权已经开始不掌握在养殖户、动物科学家以及兽医手中了，而是由零售商和餐馆来决定。现在可以明确的是，一部分养猪场转而使用圈养围栏确实是受到了零售商的压力。这种改变是否是整个行业的普遍现象还有待观察。

畜牧业中的生长激素问题

肉牛

本书的一位作者在大学课堂上曾有过照料新生牛犊的实践经验。两周时间里，他每天早上都要骑车绕草场一圈，寻找前一天晚上出生的牛犊。一旦发现新生牛犊，他就要对其进行阉割（如果是雄性），在其耳朵上贴上识别标签，给牛犊的耳朵注射一种含有合成生长激素的小颗粒（通常是雌激素）。注射生长激素之后，牛犊会更健康，并长得更快。生长激素对牛犊的成长影响十分巨大，以至于农场经营者每花 1 美元在这种激素上，就能得到 5～10 美元的回报。

许多年后，这位作者跟一位肉牛养殖户聊天，对方说使用生长激素会造成食用这种牛肉的年幼的女性出现性早熟。听完之后，我们的作者就笑了，因为这个说法似乎太离谱了，以至于该作者以为养殖户在开玩笑——但其实他没有。

如果你对这个问题稍加研究（不需要深入研究），你会发现这位养殖户为什么会这样说。你给牛犊注射的是生长激素，那么唯一符合逻辑的解释是生长激素残留在了牛肉中，这才可能对食用的人造成影响。实际上，对牛犊注射生长激素会造成女性性早熟的流言是有根据的。对乳制品行业打击最大的丑闻之一发生在 1974 年。当时，在喂食给密歇根州数以千计的牛的饲料中意外掺杂了一种名为多溴联苯的阻燃剂。在这起事故被发现以前，大多数密歇根市民已经喝过这些问题牛奶了。这起事故的关键是多溴联苯是一种类雌性激素物质，有证据显

生长激素对牛犊的成长影响巨大
Photo on VisualHunt

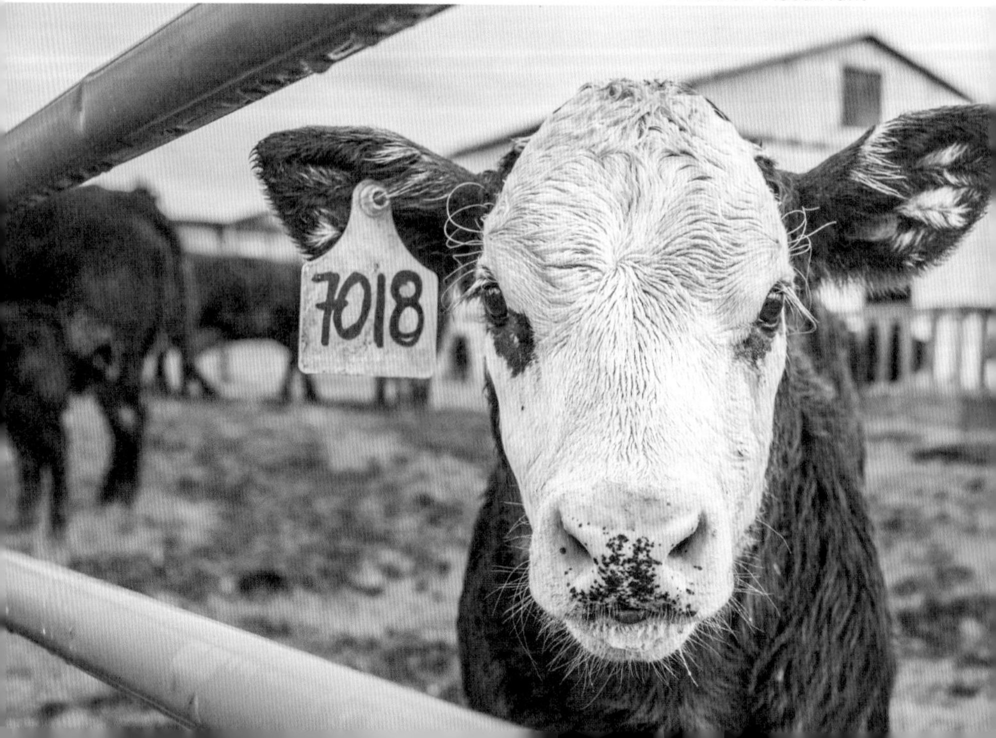

示，孕妇喝过这些问题牛奶之后，她们所生的孩子会出现性早熟的问题。

此外，自20世纪60年代以来，在美国，合成生长激素开始被广泛应用，继而一部分儿童在20世纪70年代开始出现性早熟的问题，这也说明了人们担心牛肉里的生长激素会造成儿童性早熟是有道理的。

如果深入研究的话，会发现牛肉中的生长激素与多溴联苯丑闻没有任何相似之处。首先，儿童可能并没有出现性早熟的问题。之前的研究认为牛肉中的生长激素会导致性早熟，这是因为这些研究只是通过主观判断乳房和睾丸的大小来衡量是否性早熟，但如果你使用客观的测量方法，比如对比女孩初潮的年龄，你会发现并没有迹象表明孩子们的性成熟时间提前了。

即使孩子们的性成熟时间提前了，也不是牛肉中所含的合成生长激素造成的。是的，给牛注射雌性激素会导致牛肉中的激素含量增加：相较于没注射过雌性激素的牛而言，注射过的牛的牛肉每4盎司会多含有0.4纳克的雌性激素。相比之下，4盎司生卷心菜含有2700纳克雌性激素，一杯含有1盎司豆浆的豆浆拿铁含有 30000 纳克雌性激素,3 盎司大豆油含有高达 168000000 纳克雌性激素！一粒口服避孕药含有 25000 纳克雌性激素,1.68 亿名青春期前的女性每天会从食物中摄取超过 54000 纳克雌性激素。

在美国,所有注射或喂食给肉牛的生长激素都是由美国食品药品管理局监管和批准的,被认为对人类和动物都是安全的。科学家和管理者并不完美,他们此前就没有预料到将牛、羊等动物的肉作为饲料喂食给牛会导致疯牛病。2003 年,一种用于牛肉产业的生长促进剂(Zilmax)被指控危害了牛的健康,但目前并不清楚生长促进剂是否是问题所在,但其制造商对监管机构进行的所有安全研究进行了评论,以此为自己辩护。因此,管理机构不是完美的,但目前除了科学管理机构的判断外,我们没有更好的方法来判断什么是安全的,什么是不安全的。比起流言,我们当然应该更相信科学。

欧盟对待生长激素的态度与美国不同,欧盟要求美国向其出口的任何牛肉都不得添加生长激素(无生长激素意味着不能给牛注射任何合成激素,尽管食物中普遍含有激素)。考虑到大部分科学文献以及世界贸易组织都认为添加生长激素是安全的,因此并不清楚欧盟为什么是这种立场。有的人认为欧盟只是想通过这种限制来保护本地的牛肉生产商。不过欧盟也确实不允许其本地的牛肉生产商使用任何合成的生长激素，因此欧盟对美国施加这样的贸易限制并不奇怪。相较美国消费者而言，欧洲消费者更加怀疑生长激素的安全性，因此这一禁令可能只是公众态度的差异造成的。

如果孩子们的性成熟时间确实提前了，对于造成这一现象的原因我们有更好的解释。比如体重较重的孩子往往性成熟时间更早，而且孩子们开始发胖的时间与肉牛行业使用生长激素的时间一致。肥胖导致性成熟这一现象在非洲国家毛里塔尼亚是众所周知的，这里的人们会把年轻女孩送到一个“肥胖农场”以增加女孩的体重（因为在这里太瘦往往与贫穷相联系），增重之后女孩就可以更好地吸引追求者，同时她们也可以更早地性成熟。

> 如果可以的话，她在八九岁的时候就会被强制进食，直到她早熟变为成年女人的样子。
>
> ——阿明托·明特·埃利（Aminetou Mint Ely），毛里塔尼亚妇女协会，在美国家庭影院电视网的栏目《罪恶》（*Vice*）中的一期节目“赢家和输家”中

接受采访时所说，在节目字幕中，“早熟”一词被放在方括号中

不过，还是有一个合理的理由可以解释人们为什么选择购买不含人工生长激素的牛肉。这个原因与安全性无关，只与人们的饮食体验有关。含人工生长激素的牛肉往往更硬，如果你愿意花更高的价钱购买更柔嫩的牛肉，不含生长激素的牛肉将成为你的选择。但是天底下没有免费的午餐，不含生长激素的牛肉价格更高，而且生产过程会产生更高的碳排放量，因为没注射生长激素的牛要花更长时间其体重才能达到屠宰水平。

畜牧业中猪肉、鸡蛋和家禽的生长激素

在养猪和养鸡的过程中，人们并不会对其注射生长激素，主要是因为注射后的效果并不如肉牛明显。所以如果你看到猪肉、鸡蛋或者鸡肉贴着“未添加生长激素”的标签，那么卖家讲的是真话，不过他也在试图欺骗你，想让你误以为他的竞争对手们使用了生长激素。

牛奶生产中的 rBST

关于激素的争论在牛奶行业中最为激烈，这从美国任何一瓶牛奶底部的标签上都看得出来。当奶牛分娩的时候，它的脑

垂体就会开始分泌促生长激素。这种生长激素的作用是将奶牛储存的能量集中用于产奶。因此奶农可以通过注射这种生长激素来提高牛奶产量。然而，制造这种生长激素是困难的，而且直到孟山都公司对一种细菌进行基因改造之后人们才能够生产 rBST，这种激素才可使用。现在，奶农可以通过对奶牛注射 rBST 获得更高的产奶量。这意味着投入和以前相同的饲料、饮水、劳动力，就可以获得更多的牛奶。同时，因为 rBST 提高了上述资源的利用效率，产奶过程的碳排放量也降低了。

牛奶
Photo by ROBIN WORRALL on Unsplash

对于生产过程中使用过 rBST 的牛奶来说，饮用它就意味着食用了一种转基因生长激素。这安全吗？美国食品药品管理局对此表示肯定并解释道，从生物学上讲，rBST 与其非转基因对应物(BST)没什么区别，两者在人体内都是不活跃的，两种牛奶之间的任何差异都不会对人体健康造成影响，因此这是安全的。

有人对美国食品药品管理局的评估表示了质疑，质疑者认为：因为 rBST 是通过消耗奶牛的储备能量来刺激产奶，那么储备能量的过多消耗可能会造成奶牛出现健康问题。对比肉牛和奶牛的身体，我们可以发现高产奶量会带来何种影响(夸张一点说，产奶量高的奶牛看起来就像在骨架上挂了一层皮，然后身体下方有两个巨大的乳房)。强制加大奶牛的产奶量可能会损害奶牛的免疫系统，从而不得不使用抗生素。结果是，这样生产出来的牛奶可能会含有抗生素残留物，因而变得不安全(尽管美国食品药品管理局已经规定了抗生素的使用量来预防此现象)。如果奶牛的健康受到了生长激素的负面影响，那么就会有人怀疑消费者饮用这类牛奶之后是否也会出现健康问题。尽管孟山都公司宣称 rBST 不会对奶牛健康造成影响，但之后，该公司的部分机密数据遭到美国食品药品管理局的一名匿名员工的泄露，泄露的数据表明孟山都公司在说谎。于是关于 rBST 的辩论变成了关于阴谋论的猜测。

阴谋论愈演愈烈，这使得官方调查介入。美国食品药品管理局为了证明 rBST 牛奶的合理性，在著名杂志《科学》上发表了一篇文章，为自己的立场进行了辩护，但阴谋论者（使用这个词并没有歧视或诽谤的意思）发现这篇文章的主要审稿人以前收受过孟山都公司的贿赂。当一名美国食品药品管理局的员工被解雇之后，有人说这名员工被炒是因为他表达了自己的看法——rBST 需要更多检验才能被确定是否安全。美国食品药品管理局被指控操纵数据或者管理机制太依赖孟山都公司，因此人们认为美国食品药品管理局未能确定含有 rBST 的牛奶的安全性。

因此，这又出现了另一个问题，即在辩论中人们要判断是否应该相信监管机构和大多数科学家，或者说要不要相信大公司，因为它们的影响力太大，以至于真相只掌握在少数勇敢的记者和科学家手中。如前文提到的一样，我们倾向于相信我们的科学家同行、相信我们的监管机构，因此我们对阴谋论表示怀疑。《孟山都眼中的世界》一书的读者以及纪录片《公民意识站起来》的观众可能与我们持不同的意见，并且会尽量避免饮用含有 rBST 的牛奶。显然，社会大众要比我们农业大学的同事更加怀疑含有 rBST 的牛奶。

你是否曾注意到，牛奶标签通常会写上“生产本牛奶的奶牛未服用或注射过 rBST”，然后标签也会接着注明“美国食品药品管理局认为含有 rBST 的牛奶与不含 rBST 的牛奶没有显著区别”——这是美国食品药品管理局建议卖家注明的免责声明，以防止卖家受到虚假广告指控。牛奶标签上这两个看似冲突的声明表明，农场一方面想满足消费者对不含 rBST 的牛奶的需求，另一方面想表达对美国食品药品管理局观点的支持——该机构认为没有合理的理由支撑消费者对不含 rBST 的牛奶的需求。不过美国食品药品管理局并不能代表美国所有的政府机构，第六巡回上诉法院（裁定俄亥俄州是否应该禁止上述标签）认为含有 rBST 的牛奶与不含 rBST 的牛奶有本质的差别。研究显示，牛奶的标签上指出该牛奶不含 rBST 确实对其他常规牛奶不公，使人们以为没有类似标签的牛奶都不安全。不过食品活动家赢得了这场辩论，因为现在大多数牛奶生产商都倾向于生产和销售不含 rBST 的牛奶。

相比牛肉中的合成生长激素，消费者更加抵触牛奶中的 rBST，为什么呢？可能因为 rBST 涉及转基因技术，这是很多食品活动家尤为讨厌的，而食品活动家的反对声越大，消费者就越相信他们，尽管约90%的肉牛含有合成生长激素，而只有不到25%的奶牛含有rBST。

抗生素和牲畜

你感冒了，于是你去看医生。大多数感冒是由病毒引起的，而非细菌，但有的医生无论怎样都会给你开抗生素。这并不会使你的感冒好转，除了安慰剂效应，也不会让你好受一些。因为抗生素只能对付细菌而不能对付病毒。那么，为什么有的医生会给你开抗生素呢？可能因为病人总希望医生能开点什么药，否则他们就会不满意。

这是一种常见的现象，如果医生开抗生素只是为了满足病人的期望，那么他其实是在损害病人的健康。因为服用过量抗生素会使体内的有害细菌产生耐药性，从而使以后在细菌感染真正发生时变得难以治疗。有的国家甚至不需要医生的处方就可以买到抗生素，这使得抗生素的滥用现象更加普遍。

人们也会给牛、猪、鸡(但不是下蛋的鸡)使用抗生素。这些牲畜生病时，会被注射大剂量的抗生素。不过，即使这些牲畜没有生病，它们也可能被定期注射低剂量的抗生素。注射低剂量的抗生素不足以抑制真正的感染，但会使动物保持健康并促进它们的生长。这种操作或许对猪很好，但会对人类健康造成威胁。注射低剂量的抗生素就像给细菌提供一个虚弱的对手，细菌会通过这个虚弱的对手“练兵”，从而学会如何对抗大剂量的抗生素，最终实现对抗生素免疫。这类耐药性强的细菌可能会感染人体，并且对医生所开的抗生素有免疫能力。甚至，即使这类对抗生素免疫的细菌不直接侵入人体，它们也可能会与那些侵入人体的细菌共享其对抗生素的耐药性（是的，生物体之间可以交换基因）。

因此，人类和牲畜都存在过量使用抗生素的问题。人类被病毒感染而生病时，医生开出含有高剂量抗生素的处方，而牲畜无论生病与否都会被注射低剂量的抗生素。这两种操作都会威胁到人类健康，但是目前尚不清楚威胁有多严重，或者说哪种操作的威胁更大。医生因过量使用抗生素而受到的批评较少，因为他们是为病人的健康着想，但牲畜养殖户滥用抗生素的目的看起来是获得更高的利润。

尽管长期给牲畜注射低剂量的抗生素确实会对人类健康造成影响，但这种影响很容易被夸大。约 80％的美国市售的抗生素都是给牲畜使用的，大多数不用于人类。牲畜使用的抗生素甚至包括离子载体，这在人类使用的抗生素里面找不到类似的。实际上离子载体抗生素与其他抗生素非常不同，以至于2007年美国泰森食品公司能够使用离子载体抗生素来饲养鸡，并且在他们出产的鸡肉上标注“饲养过程中没有使用抗生素”(生产商不再被允许这样做了)。尽管约80%的抗生素是动物使用的，但如果我们只看动物和人类都使用的抗生素，这个比例会降到约45%。

牲畜使用抗生素对人类健康的威胁有多大？人们产生了

鸡类饲养中，人们经常使用抗生素
Photo by Artem Bali on Unsplash

分歧。有的观点认为,这样的威胁很小。如果定期给牲畜注射低剂量的抗生素要伤害到人类健康,需要同时满足下列条件:①感染牲畜的细菌必须对抗生素产生耐药性;②人类同样也在使用这种抗生素;③产生耐药性的细菌也会感染人类;④这种细菌感染人类之后,人类健康会严重受损以至于需要使用抗生素。某些观察人士认为,同时满足以上四个条件的概率是极低的。动物健康领域(诚然,来源或许有些许偏见)的一位研究人员曾计算出同时满足上述四个条件的概率为0.00034%,一些科学文章也提出了同样的低概率。

这个概率是基于一些假设得到的,这其中的一些假设可能不正确,当有的假设条件被放宽时,人类健康受到威胁的概率就会变大。其中一个假设是关于基因水平转移的。不管这听起来多么奇怪,但细菌之间就是可以共享具有抗生素耐药性的基因。这意味着如果一种细菌产生了抗生素耐药性,即使这种细菌不能伤害人类,它也可以将其对抗生素的耐药性分享给其他可以感染人类的细菌。虽然基因水平转移的概率目前尚不清楚,但我们知道养猪过程中使用的抗生素会加大这一概率。

细菌感染如何通过动物传染给人类呢?传播途径不仅仅是动物的肉。使用牲畜粪便作为肥料也会污染蔬菜。养殖人员在离开养殖场时也可能携带病菌。食品活动家很喜欢讲拉斯·克雷默(Russ Kremer)的故事,这位养猪户会定期给猪注射低剂量的抗生素。有一次他的皮肤被猪弄破之后便感染了一种对抗生素有耐药性的细菌。现在克雷默已经是“养猪过程中限制使用抗生素”这一运动的代言人了。他的经历是小概率事件吗?还是说他的经历预示了风险的存在呢?现在很难说。但确实有研究发现,在使用抗生素的养殖场工作的员工可能会携带对抗生素有耐药性的细菌,而在不使用抗生素的养殖场工作的员工携带这种细菌的概率就很小。

除了可以降低肉类价格外,饲养牲畜使用抗生素还有一个好处。各种细菌都有可能使人类生病,而不仅仅是对抗生素有耐药性的细菌。如果定期给猪注射低剂量的抗生素可以使猪保持健康的话,那么有致病性的细菌就会更少,从而人类被感染的可能性也就更小。比如,有的研究就发现在不使用抗生素的环境中饲养的猪比定期注射抗生素的猪更容易携带沙门氏菌。

在牛、猪、鸡身上使用的抗生素会加大还是减小对人类健康的威胁,从概念上来说,这是不可能判断清楚的。让人猜想细菌基因发生水平转移的概率是一个经验性的问题。许多科学家和大多数健康组织认为，畜牧业中抗生素的使用确实会对人类健康造成威胁，因此抗生素应当只用于治疗用途并且只能对感染者使用合适的剂量，甚至早在 20 世纪 70 年代，就有许多人持有这种观点。美国医学会公开反对定期使用抗生素；世界卫生组织认为抗生素耐药性是对人类健康构成威胁的问题之一；欧盟在这方面走在前列，早在 2006 年就规定，除非牲畜生病了，禁止在畜牧业使用抗生素，美国食品药品管理局迄今为止一直不愿遵循欧盟标准，但在 2012 年还是发起了类似的提案，并且 2013 年底美国开始采取行动禁止将用于治疗人类的抗生素用于畜牧养殖业。因为畜牧业此前已经做了这方面的准备，因此这一规定对畜牧业的影响并不大。

畜牧业仍旧在争论说抗生素利大于弊，并且声称抗生素在制造“超级细菌”(可以感染人类，而且对所有抗生素都具有耐药性的细菌)，这样的说法并没有实证。虽然这样看起来畜牧业就像“贩卖疑惑的商人”一样，但即使是那些把超级细菌归咎于牲畜的科学家们也承认几乎不可能准确衡量使用抗生素对人类健康的危害。

当我们吃的食品没有标明“不含抗生素”时，该食品就含有抗生素和对抗生素免疫的细菌吗？实际上我们很难在生活中看到标有“不含抗生素”的食品，特别是受监管的食品，因为所有依法生产的食品实际上都不残留抗生素。美国农业部规定在接近牲畜屠宰时，禁止对牲畜使用抗生素，“接近”的目的是为了确保所有牲畜都有时间将抗生素排出体外。因为有的人会对抗生素过敏，因此食品中抗生素的残留量必须接近于零以避免发生过敏反应。美国农业部会检测食品中的抗生素残留量，只有极少数食品中抗生素的残留量超出了政府规定的最大值。肉类、蛋类以及奶制品中的抗生素残留在大多数情况下为零。有的食品可能会标明“饲养过程中没有使用抗生素”，这意味着牲畜在饲养过程中从未接触过抗生素。这对某些人很有吸引力，但这意味着饲养者有了恰当的理由不使用抗生素，同时也意味着饲养过程中那些生病的牲畜可能没有得到合适的治疗——这是有悖于动物福利的。美国餐饮行业在 2013 年达成了一项合理的协议，即他们能够接受牲畜使用过抗生素，只要这些抗生素是为了治疗疾病而使用的。

我们没有理由担心食品中残留的抗生素。食品中对抗生素免疫的细菌才更需要我们担心。2012 年 4 月，我们在一份令人震惊的报告中发现，美国超市里的大多数火鸡、猪肉和牛肉（以及接近一半的鸡肉）含有对抗生素免疫的细菌。在此之前几个月,《消费者报告》也宣布对美国超市里的猪肉进行了抽样调查,发现很多产品含有细菌,其中有的细菌对抗生素免疫。

上述结果听起来很令人担心,但有点误导大众。我们需要考虑几个问题。第一点是,你在任何地方都可以发现对抗生素免疫的细菌,如你的家具、你的肚脐、你的鼻子上等。第二点是,猪肉上发现的大多数细菌是小肠结肠炎耶尔森氏鼠疫杆菌,美国农业部并没有对这类细菌进行检测,因为即使是最先进的检测方法也会出现许多假阳性(比如检测结果说存在该细菌而实际却不存在)。第三点是,上述研究发现的大多数被细菌免疫的抗生素都不用在人体上。

如果这两份报告仍然让人感到恐慌,你可以购买饲养过程中没有使用任何抗生素的食品(包括有机食品),这种食品可能含有更少的对抗生素免疫的细菌,但细菌总量可能更多。

尽管仍然存在争论,但美国和欧盟都已经采取措施减少抗生素在畜牧业中的使用。如果美国全面禁止畜牧业使用抗生素会发生什么呢?若想要衡量其影响,我们可以以丹麦为例,丹麦在1995年就禁止在牲畜饲养过程中定期使用抗生素(除非牲畜病了)。最初,抗生素使用总量上升了,因为牲畜变得更易生病，从而需要更多抗生素治病。不过平均每头猪使用的总剂量很快就下降了，而且丹麦生产的猪肉中对抗生素免疫的细菌数量变得比进口猪肉的少。有的人认为因为这项禁令丹麦人变得更健康了，也有人认为这项禁令推高了猪肉价格，导致丹麦人的蛋白质摄入量降低，从而抵消了禁令带来的好处。

在收集农场中抗生素使用情况的详细数据方面，丹麦也走在前列，这使得丹麦科学家们可以分析哪些抗生素种类、什么样的抗生素配置容易刺激细菌产生抗药性。美国目前只公布抗生素的使用总量，这使得我们很难精确衡量对抗生素免疫的细菌造成的威胁。

大多数食品活动家的书籍和纪录片显示，只有在不断给牲畜使用抗生素的情况下，养殖人员才可能使用小型隔离设施进行饲养。他们建议，在不使用抗生素的情况下，人们可以将饲养方式改成更能让牲畜展示天性的饲养设施。尽管这个说法看起来似乎很合逻辑，但这是一个经验问题，而丹麦也没有采用这样的做法。实际上，在抗生素禁令生效的时间里，大农场逐渐取代了小农场，养猪业也保留了隔离饲养设备，只对其进行了微调。

9　一些思考

洋葱网(The Onion)上的新闻可能是假的,却常常能道出社会的深层真相。2013 年 9 月,洋葱网发布了一篇标题为《一个对日常生活感到恐惧的人决定看纪录片》的文章。文章中的受访者表示,“我已经对美国政治、广告、水、海豚、快餐和华特·迪士尼等感到恐慌了,所以让我们看看还有什么纪录片能让我对以前从未想过的事情感到恐慌”。

请注意,这个受访者提到了快餐。目前互联网上有超过 18 部纪录片告诉观众工业和农业是如何毒害土壤、折磨动物和使公众生病的。与此同时,现代民主国家获得了前所未有的廉价营养食品(我们是否应该选择健康食品又是另一个问题了)。对一些人来说,这些纪录片(包括具有类似精神的书籍)指出了农业的现实问题,但对另一些人来说,它们只是“揭发丑闻的人”追求名誉和金钱的表现。

正是这些纪录片为我们提供了写这本书的灵感。我们注意到,公众比以往任何时候都更关心的是食品是如何生产的,但是科学家不愿参与其中。他们的不情愿是可以理解的。不管他们说什么,总有些人可能会不高兴,而且科学家喜欢做学问而不是辩论。然而,在观看食品纪录片时,我们意识到,不管一个人是否认同纪录片的内容,他们提出的问题都很好——许多问题都被科学界忽略了。

当我们研究农业中有争议的问题时，我们对争论本身有了认识。如果一件事情是读者应该从这本书中学到的，那就是好的政府在管理杀虫剂、转基因食品、合成生长激素等方面的重要性。本书的作者们认为传统食品都是安全和健康的，因为我们对美国环境保护署、美国食品药品管理局、美国农业部和其欧洲同行很有信心。看看前面提到的食品纪录片，你会发现大多数食品活动家的感受是不同的。然而，正是这种对监管机构的怀疑，才帮助这些机构表现得如此出色。

食品活动家可能一直在寻找某些批评农业的理由，有时候这些批评是不公平的，但如果没有人寻找像水污染这样的问题，那么这些问题要等到造成严重的后果时才可能被发现。只有尽早地发现问题才能更好地解决问题，即使食品活动家有时候太急于充当先锋，他们的热情也发挥了有益的作用。蕾切尔·卡森积极引领的社会活动让我们意识到农药的潜在危害，因此，传统食物更安全。动物福利组织引领的社会活动使我们更加关注鸡的健康状况。因此，类似美国蛋农联合协会这样的组织自愿改进了他们的鸡笼设施。行业组织不是可持续运动的发起者，活动家们才是，不过现在各大行业组织也在衡量它们的碳排放量，并在寻找减少碳排放的方法。

争论是民主社会的脉搏，但不是和平的脉搏。古雅典人的议会是民主的，但不是愉快的——争论往往十分紧张、激烈。同样地，现代民主国家在农业争论问题上也进行着激烈的公共关系之战：在网站上互相谩骂、在农场法案和环境管理条例的争论中雇用说客等。双方在争论时的言辞有时候是荒谬的，比如玛丽亚·罗代尔（Maria Rodale）写信给美国前总统奥巴马时说美国"并不比叙利亚更好"，因为我们正在以使用杀虫剂的方式对自己的公民使用化学武器。或者，当畜牧业认为农场动物的福利能以其盈利能力来衡量时，一只盈利的猪就肯定是一只快乐的猪。然而，没有极端言论就不是一场真正的争论，当然，人们也可以有更为温和的评论。

尽管从来没有哪一方"打赢"过这些战争，但这场辩论让我们不断地重新评估我们应如何生产食品，以使食品更绿色、更安全、更健康、更丰富。虽然有的时候辩论是具有破坏性的，并导致我们产生错误的认识，但没有社会争论的社会不是乌托邦，而是反乌托邦。在写这本书的过程中，我们发现自己提出了新的问题，并且学到了很多新知识，从而更加认真地对待食品纪录片。我们发现，我们实际上并没有过多考虑依赖化肥的长期后果,也对杀虫剂和转基因食品的监管体系知之甚少。此外,我们发现很多重要问题的“答案”比我们最初认为的要少得多。参与这些农业和食品领域的争论让我们受益匪浅,使我们成了更好的研究人员和老师。因此,让这场关于食品的争论继续下去吧,不管它们会导致什么结果,这都好过没有争论。